U0178018

土木工程科技创新与发展研究前沿丛书

北京建筑大学促进高校内涵发展定额项目——博士点一级学科授权点建设（2019）（31081019001）资助

岩石结构面三维粗糙度指标及其剪切力学性质研究

班力壬　戚承志　著

中国建筑工业出版社

图书在版编目（CIP）数据

岩石结构面三维粗糙度指标及其剪切力学性质研究/班力
壬，戚承志著. —北京：中国建筑工业出版社，2019.12
（土木工程科技创新与发展研究前沿丛书）
ISBN 978-7-112-24648-9

Ⅰ.①岩…　Ⅱ.①班…②戚…　Ⅲ.①岩石结构-光洁
度-研究②岩石结构-剪切-结构力学-研究　Ⅳ.①P583

中国版本图书馆 CIP 数据核字（2020）第 025787 号

在岩石力学与工程地质领域，结构面的存在往往会削弱岩体的强度以及稳定性，对工程安全有重要影响，如隧道开挖、边坡稳定、矿井建设工程安全、嵌岩桩的设计、大型水利水电工程中岩体结构的变形及稳定。同时岩体结构面剪切力学性质的研究有助于探求地震诱发机制的研究。本书以粗糙结构面剪切试验与模型研究为研究内容，涉及岩石结构面粗糙度参数的研究、结构面剪切强度的研究、结构面剪切刚度的研究、结构面剪切变形的研究。揭示了结构面剪切性质与形貌粗糙度之间的关系，阐明了剪切物理过程。

本书可供岩石工程设计、工程技术人员以及相关专业科研人员、研究生阅读参考。

责任编辑：仕　帅
责任校对：姜小莲

土木工程科技创新与发展研究前沿丛书
岩石结构面三维粗糙度指标及其剪切力学性质研究
班力壬　戚承志　著

＊

中国建筑工业出版社出版、发行（北京海淀三里河路 9 号）
各地新华书店、建筑书店经销
北京鸿文瀚海文化传媒有限公司制版
北京建筑工业印刷厂印刷

＊

开本：787×960 毫米　1/16　印张：9　字数：175 千字
2020 年 2 月第一版　　2020 年 2 月第一次印刷
定价：**38.00** 元
ISBN 978-7-112-24648-9
（35067）

▪前　　言▪

在岩石力学与工程地质领域，结构面的存在往往会削弱岩体的强度以及稳定性，对工程安全有重要影响，如隧道开挖、边坡稳定、矿井建设工程安全、嵌岩桩的设计、大型水利水电工程中岩石结构的变形及稳定。同时岩体结构面剪切力学性质的研究有助于探求地震诱发机制的研究。本书以粗糙结构面剪切试验与模型研究为研究内容，涉及岩体结构面粗糙度参数的研究、结构面剪切强度的研究、结构面剪切刚度的研究、结构面剪切变形的研究。本文系统开展了试验研究、模型构建、理论分析。主要研究内容与成果如下：

1. 新的岩石结构面三维粗糙度指标研究

采用巴西劈裂试验获取了花岗岩劈裂结构面，通过三维扫描技术获取了结构面形态的高精度点云。将结构面微凸体等效为长方体微凸体，微凸体剪胀破坏与剪断破坏两种不同模式对剪切强度影响不同，在此理论基础下提出了具有分维特征的三维粗糙度指标系统。该指标系统可通过等效高差反映微凸体几何参数对强度的影响，可以描述剪切方向性，同时克服了采样间距的影响。

2. 粗糙度各向异性效应、采样间距效应、尺寸效应分析

研究了结构面形貌粗糙度各向异性、粗糙度采样间距效应、粗糙各向异性度的采样间距效应、粗糙度的尺寸效应、粗糙各向异性度的尺寸效应。当剪切方向固定时，随着采样间距增大粗糙度指标逐渐减小。当采样间距固定时，粗糙度指标随着剪切方向的变化而变化，表现出各向异性特点。粗糙度尺寸效应与结构面形貌本身特点有关，也与剪切方向有关，但不管哪种尺寸效应哪个剪切方向，随着研究尺寸的增大，结构面粗糙度与各向异性度都会逐渐稳定。

3. 结构面剪切试验研究

结合 3D 打印技术制作出了与劈裂岩石结构面形貌一致的 PLA 模具，以 PLA 模具为底模通过水泥砂浆浇筑了相似结构面试样。然后进行了具有 5 组形貌面的 20 个水泥砂浆结构面在 4 种不同法向荷载情况下的结构面剪切试验。研究了结构面峰值抗剪强度、峰值位移、剪切刚度影响因素。5 组结构面磨损后损伤分布与结构面等效高差分布范围基本一致，并且在等效高差为蓝色区域较大且成片的区域磨损较为严重，这表明基于等效高差所提出的粗糙度指标具有一定的合理性。最后，对具有 2 种不同结构面形貌含有 4 种不同空腔率的水泥砂浆结构面进行了 8 组定法向荷载条件下的直剪试验。实验结果表明结构面剪切强度随着结构面空腔率的增加而逐渐减小。

4. 结构面峰值抗剪强度研究

结合结构面剪切试验结果与理论分析，探讨了结构面峰值抗剪强度的影响因

素并对这些因素影响结构面峰值抗剪强度的机理进行了分析。提出一个描述峰值膨胀角随法向应力变化的函数，将新的粗糙度指标与峰值膨胀角结合提出了结构面峰值抗剪强度模型。针对含空腔结构面的峰值抗剪强度，通过定量分析试验结果得到空腔率影响结构面峰值抗剪强度实质是由于空腔率影响了结构面粗糙度。利用耦合结构面峰值抗剪模型也可以较为精确地计算含有空腔结构面的峰值抗剪强度。

5. 结构面剪切变形研究

在经典赫兹接触理论与 GW 模型基础上考虑微凸体磨损提出了考虑微凸体曲率半径变化的 GW 改进模型。探讨了单个微凸体在法向压力与切向摩擦力作用下的屈服点位置，推导出了单个微凸体所能承受的临界压力公式。提出了结构面剪切刚度模型，计算结果与不同形貌下的剪切试验结果吻合度较好，很好地反映了剪切刚度随法向应力增大而增大的趋势。抓住法向应力与结构面粗糙度主要因素，考虑结构面粗糙度与法向应力的影响，基于试验结果与回归分析提出了适用于自然岩石结构面的峰值位移经验公式。

编者

2019 年 10 月于北京建筑大学

▪ 目　　录 ▪

■第1章■

绪论

1.1 研究背景及意义

在岩石力学与工程地质领域，岩体通常被认为具有结构特征。作为构成岩体结构重要的两个因素（结构面与岩石整块）之一的结构面的存在使得岩体结构存在裂隙、薄弱层以及断面之间的相互咬合，这些不均匀性影响着岩体力学的性质，是岩石结构面物理性质不连续性、各向异性的根源[1-7]。结构面的存在往往会削弱岩体的强度以及稳定性，对工程安全有重要影响，如隧道开挖、边坡稳定、矿井建设工程安全、嵌岩桩的设计、大型水利水电工程中岩体结构的变形及稳定[8-11]。实例如著名的法国马尔帕塞拱坝及意大利瓦伊昂水库的失事案例[12-13]、小浪底水电站坝基岩体剪切性质研究实例[14-17]。

结构面的抗剪强度对整体影响最为重要。一方面是因为无填充张开或者是软弱填充的结构面抗拉强度非常小可以忽略不计，可认为结构面不能承受拉荷载。另一方面结构面的抗压行为往往伴随着结构面的剪切行为，岩石结构破坏通常不是因为压碎，结构面剪切方向上的承载力不足与失稳通常才是工程破坏与自然灾害发生的原因，因此结构面的抗剪强度与变形特征是含结构面岩体研究的重要内容。岩石结构面力学性质主要表现为结构面剪切强度与变形规律（包括剪切应力-位移曲线、剪胀曲线研究）、结构面闭合性质（法向应力-位移曲线的研究）[18]。结构面变形主要体现在剪切方向上的滑移，所以结构面剪切行为的研究是重点。结构面剪切行为中峰值剪切强度、位移、结构面剪切刚度在岩体工程实际有重要应用，同时也是描述峰前剪切应力-位移曲线的重要参数。影响结构面抗剪强度的因素有很多，如岩石的岩性、结构面所施加的法向应力、结构面粗糙程度、结构面尺寸、结构面岩壁的风化程度、剪切速度、剪切次数、岩桥连通率、充填胶结特征等，其中结构面的粗糙度是极为关键的因素之一。结构面的粗糙度与结构面抗剪强度之间存在稳定的关系，这使得建立量化的结构面的粗糙度与抗剪强度之间的关系成为可能。近40年来关于峰值抗剪强度的研究成果颇多，主要围绕如何根据结构面形态特征预测结构面抗剪强度展开[19]。通过建立的结构面抗剪模型预测结构面抗剪强度有如下优点：（1）无须进行大型结构面剪切试验，所得结果与试验结果相差在可接受范围之内；（2）相对于试验室试验预测强度来说，能够考虑自然结构面的特点获取现场的结构面剪切强度；（3）结构面的抗剪强度模型往往是根据一定量室内外直剪结果与数值模拟结果建立的估计模型，能够提供较为准确的估计结果可直接用于工程案例中。

结构面峰值抗剪强度模型中最重要的是结构面形貌粗糙度指标如何确定。合理的结构面粗糙度指标能够全面反映结构面形貌几何特点（起伏特点、粗糙光滑度、结构面走向），并且是基于结构面三维形貌特点的三维粗糙度指标，同时应该能从物理意义上与结构面抗剪强度联系起来。若能确定符合上述条件的结构面粗糙度指标然后结合结构面其他物理力学参数来确定出结构面峰值抗剪强度模型，那么结构面峰值抗剪强度预测的问题就能迎刃而解。

岩体结构面剪切力学性质的研究有助于对探求地震诱发机制的研究[20-23]。Brace 和 Byerlee[24] 在 1966 年提出岩石断面摩擦中黏滑机制可能与地震的形成有关，为此实验室岩石结构面摩擦与剪切的试验与地震成核研究联系了起来。在地震与断层力学中，1983 年 Ruina 对 Dieterich[25-26] 的理论进行了总结，提出了速度-状态依赖的摩擦本构关系，并提出断层的黏滑运动模型是弹簧-滑块模型，其中弹簧-滑块模型中弹簧刚度与摩擦面的刚度对地震的诱发有重要影响。在速率相关的摩擦率中通过岩石直剪摩擦实验发现摩擦系数与滑动速度的对数近似成反比。摩擦系数在一定特征距离内随速度发生对数形式的弱化表现出了岩石断面摩擦现象中具有类似开尔文弹黏模型中时间效应。Qi 等[27] 在岩石应变率与尺寸效应的研究中时提出岩石黏性与岩体剪切刚度有关，为此是否可以从结构面刚度研究结合岩石黏性特征解释一些断层黏滑机理是一个值得探索的问题。

目前对结构面剪切力学性质的研究还存在些许不足，对其抗剪强度特性、变形破坏规律并没有清晰的认识，有必要对结构面的力学特性开展更深层次的研究。关于结构面形貌三维粗糙度的指标成果研究颇多，其中涉及三维粗糙度是目前研究热点，但大多三维粗糙度指标没能很好地与结构面剪切强度联系起来，同时结构面粗糙度的采样间距效应、尺寸效应、各向异性性质缺乏系统的展开研究。关于结构面峰值位移影响因素的研究还需进一步探求，结构面剪切刚度的研究只是对实验影响因素进行结果拟合，未能在力学模型上给出解释。上述问题的解决可进一步阐明岩石结构面剪切强度、初始刚度、峰值位移的力学机理与影响因素，对岩石工程合理施工、设计以及地震等动力事件预测具有重要的意义。

1.2 国内外研究现状及存在问题

本节主要从结构面的二维粗糙度指标、三维粗糙度指标、粗糙度分布特征（各向异性、尺寸效应、采样间距效应）、结构面峰值抗剪强度模型共四大方面总结目前国内外该领域的研究现状、发展趋势和存在的问题。

1.2.1 二维粗糙度指标

为简便获取结构面粗糙度，结构面粗糙度可由形貌面上沿剪切方向的若干条形貌线近似确定。目前描述岩石表面形貌特征的二维剖面线方法主要可分为统计参数描述（包括高差参数描述、纹理参数描述等）、分形描述、JRC 曲线描述[28]。

1.2.1.1 形貌线高差参数

高差参数描述是描述形貌高度分布及其变化特征的参量，该方法把形貌高度视为一个随机变量研究形貌面在高度方向上的变化特征及分布规律[29-30]。

将形貌线高度视为随机变量，则形貌高度在 z 与 $z+dz$ 间的概率密度可用正态分布函数来表述，其表达式为：

$$\varphi(z) = \frac{1}{\sqrt{2\pi}\sigma} e^{-\frac{z^2}{2\sigma^2}} \tag{1-1}$$

式中 σ 为正态分布的均方差。

在高度分布的基础上研究其高度分布密度的各阶相关矩可以较好地表示出形貌的特征参数，分布密度的 n 阶相关矩定义为[31]：

$$M_n = \int_{-\infty}^{\infty} z^n \varphi(z) dz \tag{1-2}$$

研究中常用它的一阶绝对相关矩及二、三、四阶相关矩来定义相关的形貌线参数指标。

1. 中心线平均高度 Z_0

中心线平均高度 Z_0 是在形貌线取样长度 L 内，测量所得各点到中间高度偏距绝对值的综合算术平均值。

$$Z_0 = \int_{-\infty}^{\infty} |z| \cdot \varphi(z) dz \tag{1-3a}$$

Z_0 反映了高度偏离中心的平均情况。

2. 高度均方根 Z

高度均方根 Z_1 是在形貌线取样长度 L 内，测量所得各点到中间高度平方和的平均值的平方根。

$$Z_1 = \sqrt{\int_{-\infty}^{\infty} z^2 \cdot \varphi(z) dz} \tag{1-4a}$$

高度均方根 Z_1 反映了表面形态的离散性。

3. 偏态系数 S

偏态系数 S 是概率密度函数的三次"矩"与均方差三次"方"的比值，可描述概率密度曲线偏离原点的程度。

$$S = \frac{\int_{-\infty}^{\infty} z^3 \cdot \varphi(z)\mathrm{d}z}{\sigma^3} \tag{1-5a}$$

偏态系数 S 为无量纲数,当数值为负数、零、正数时分别对应分布曲线左偏态、零偏态(正态分布)、右偏态三种分布特征。

4. 峰态系数 K

峰态系数 K 表示高度分布曲线的凸起程度,它是高度概率密度的四次"矩"与均方根四次方的比值。

$$K = \frac{\int_{-\infty}^{\infty} z^4 \cdot \varphi(z)\mathrm{d}z}{\sigma^4} \tag{1-6a}$$

当高度分布曲线为正态分布时,$K=3$;当 $K<3$ 时为低峰态,表示高度分布的概率分散;当 $K>3$ 时为高峰态,表示高度分布的概率集中。

上述四种描述方法在实际应用中常用实测离散的表面形态高度数据序列来计算参数数值,离散形式的计算公式为:

$$Z_0 = \frac{1}{n} \sum_{i=1}^{n} |z_i| \tag{1-3b}$$

$$Z_1 = \sqrt{\frac{1}{n} \sum_{i=1}^{n} z_i^2} = \sigma \tag{1-4b}$$

$$S = \frac{\frac{1}{n} \sum_{i=1}^{n} z_i^3}{\sigma^3} \tag{1-5b}$$

$$S = \frac{\frac{1}{n} \sum_{i=1}^{n} z_i^4}{\sigma^4} \tag{1-6b}$$

5. 十点平均高度 R_Z

十点平均高度 R_Z 为在形貌线取样长度 L 内测量所得各点中五个最高点的高度与五个最低点之间的算术平均距离。

$$R_Z = \frac{(h_2 + h_4 + h_6 + h_8 + h_{10}) - (h_1 + h_3 + h_5 + h_7 + h_9)}{5} \tag{1-7}$$

式中下标为偶数的高度参数为五个最高点的高度,奇数的为五个最低点的高度。以上指标从概率统计角度描述了结构面形貌在高度方向的偏差程度,并未从物理意义上解释如何与结构面剪切强度建立合适的联系。对于具有相同参数的形貌曲线,其形态可能完全不同。例如图 1-1 中 Z_0、Z_1 相同的曲线其形貌完全不同(图中横纵坐标比例已经归一化处理),因此高差参数描述还需与别的指标配合才能描述完整的形貌特点。

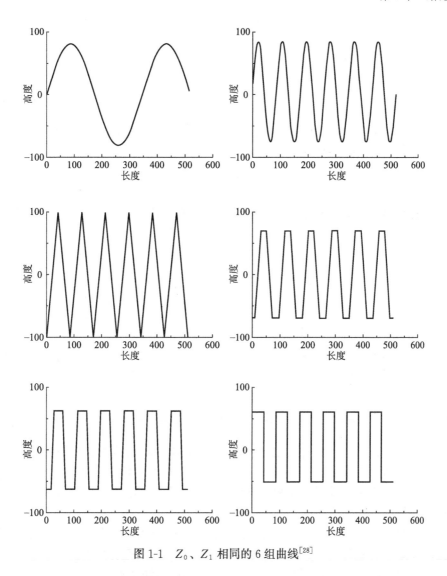

图 1-1　Z_0、Z_1 相同的 6 组曲线[28]

1.2.1.2　形貌线纹理参数

高差描述把表面形态高度作为随机变量描述了表面形态在高度上的相对偏差程度，并没有研究表面的凸起坡度、形状以及出现的频率周期等信息。表面形态高度空间位置的变化也可用相关函数来描述[32-34]，纹理参数描述主要是表面形貌曲线函数特征参数，纹理特征包括：表面形貌一阶导数的均方根 Z_2，表面形貌曲线二阶导数的均方根 Z_3。纹理描述主要描述结构面形态中点与点之间的位置与相互关系。

1. 坡度均方根 Z_2

它是在取样长度 L 内表面形态曲线一阶导数的均方根：

$$Z_2 = \left[\frac{1}{L}\int_0^L \left(\frac{\mathrm{d}z}{\mathrm{d}x}\right)^2 \mathrm{d}x\right]^{1/2} \qquad (1\text{-}8\mathrm{a})$$

其离散形式：

$$Z_2 = \left[\frac{1}{n-1}\sum_{i=1}^{n-1}\frac{(z_{i+1}-z_i)^2}{x_{i+1}-x_i}\right]^{1/2} \qquad (1\text{-}8\mathrm{b})$$

坡度均方根表示了结构面表面形态变化程度，在此基础上可以用角度形式的坡角均方根来表示这一特征：

$$\varphi = \arctan(Z_2) \qquad (1\text{-}9)$$

2. 曲率均方根 Z_3

它是在取样长度 L 内表面形态曲线二阶导数的均方根：

$$Z_3 = \left[\frac{1}{L}\int_0^L \left(\frac{\mathrm{d}^2 z}{\mathrm{d}x^2}\right)^2 \mathrm{d}x\right]^{1/2} \qquad (1\text{-}10\mathrm{a})$$

其离散形式：

$$Z_3 = \left[\frac{1}{(n-2)(x_{i+1}-x_i)^4}\sum_{i=1}^{n-2}(z_{i+2}-2z_{i+1}+z_i)^2\right]^{1/2} \qquad (1\text{-}10\mathrm{b})$$

坡度均方根 Z_2 与曲率均方根 Z_3 可区分形貌形态的起伏。

3. 形态正反向差异系数 Z_4[35]

它是由表示沿坡面线正向距离总和与沿坡面线负向距离总和的差值除以坡面线总长度而得到：

$$Z_4 = \frac{\sum(Vx_i)_\mathrm{p} - \sum(Vx_i)_\mathrm{N}}{L} \qquad (1\text{-}11)$$

$\sum(Vx_i)_\mathrm{p}$、$\sum(Vx_i)_\mathrm{N}$ 分别为与正负坡对应的坡面线段长度总和。形态正反向差异系数 Z_4 范围为 $-1\sim+1$。当数值为负时表示负坡度的线段长度较长，反之亦然。该指标与其他指标配合可反映结构面表面粗糙度各向异性，进而可以体现剪切方向性。

高差参数与纹理参数描述可在一定程度上反映形貌线特点，但在与结构面剪切强度联系上有些许不足。大部分指标不能表示结构面剪切方向性，形态正反向差异系数 Z_4 虽然可以表示但不能细致反映结构面剪切特点。

1.2.1.3 其他常用统计指标

上述指标大多为数学直接统计方法。数学方法给结构面粗糙度提供了一种思路，但是对于研究结构面剪切强度，应该结合结构面剪切独有的特点。研究发现结构面表面的起伏度，形貌线角度对结构面剪切强度有一定的影响，基于结构面剪切特点提出了几个常用的统计指标。

(1) 粗糙度剖面指数 $R_\mathrm{p} = L_\mathrm{t} - L$，式中 $L_\mathrm{t} = \sum_{i=1}^{N-1}\sqrt{(x_{i+1}-x_i)^2 - (y_{i+1}-y_i)^2}$，

$L = \sum_{i=1}^{N-1}x_{i+1}-x_i$，$N$ 为采样点的数目，x_i、y_i 分别为第 i 个采样点的横、纵

坐标[36-37]。

（2）形貌线伸长指数 $\delta = (L_t - L)/L$ [36]。

（3）形貌线伸长率 $\delta_L = \delta \times 100$ [38]。

（4）形貌线极限坡度 $\lambda = R_z/L$ ，式中 $R_z = y_{max} - y_{min}$ [39]。

（5）形貌线坡度均方根指数[40]： $R_q = \left[\dfrac{1}{M} \int_0^M y^2 dx \right]^{1/2} = \left[\dfrac{1}{M} \sum_{i=1}^{N-1} y_i^2 \Delta s \right]^{1/2}$ ，Δs 为采样间距，M 为横坐标最大值。

（6）形貌线角度标准差[36]： $\sigma_i = \tan^{-1} \left[\dfrac{1}{M} \int_0^M \left(\dfrac{dy}{dx} - \tan i_{ave} \right)^2 dx \right]^{1/2}$ ，其中

$i_{ave} = \tan^{-1} \dfrac{1}{M} \int_0^M \dfrac{dy}{dx} dx$ 。

（7）形貌线结构函数[36,41-42]： $SF = \left[\dfrac{1}{M} \int_0^M \left[f(x+dx) - f(x) \right]^2 dx \right]^{1/2} =$

$\dfrac{1}{M} \sum_{i=1}^{N-1} (y_{i+1} - y_i)^2 \Delta x$ 。

1.2.1.4 形貌线分形理论研究

法国数学家 Mandelbrot 提出了分形的概念[43-47]，进而采用分数维数的数学工具来描述客观事物。基于分形理论，一个集合满足以下所有或者大部分特征就可认为该集合具有分形特征：

（1）具有精细结构，不同尺度下具有不同不规则的特征。

（2）集合的整体和局部很难用传统几何语言描述。

（3）在数学意义上或者统计意义上具有自相似或者自放射特征。

（4）分形维数大于拓扑维数。

（5）通常集合表现出自然形貌的特征。

具有严格自相似性的形体称为有规分形，而只是在统计意义下的自相似性的分形称为无规分形[48]。岩石结构面形貌通常具有自放射分形性质，所以也可以采用分形方法对其分布特征进行研究。其中 Carr 最先将分形维数引入岩石力学中作为结构面的表面形态特征参数[49]。

目前分形维数测定方法有方盒计数法[50-52]、功率谱法[52]、差分法[53]、尺码法[54]、结构函数法[56]、变量图法[57]、光谱法[58]、粗糙长度法[59]、直线尺寸法[60]。不同的测量计算方法会得到不同的分形维数。分形理论的基础是图形具有几何自相似性，然而自然岩石表面并不是严格自相似的，而是具有统计自相似。因而分维值会随着测量尺度 r 变化而变化，当测量尺度小到一定值时测量所得分形维数才获得稳定[28]。而到这种测量维度后，所测量的形貌细节对于岩石结构面的力学性质影响已经很微弱，仅用分形维数也很难与岩石结构面剪切强度联系起来。所以分形描述较为适合机械工程如硬盘磨损这类精细的形貌面[61-62]，

仅根据分形理论来描述结构面形貌特征在表征岩石摩擦性质时并不适用。影响岩石结构面力学性质的主要是大尺度粗糙信息，这些粗糙信息非常多，包括高差较大的结构面所占比例、形貌坡度角、与剪切方向相关信息。而用分形维数描述形貌面所得的范围是 2~3，这个分别区间非常小。很多情况下分形维数相同的形貌面实际情况下会有很大的差别，例如文献［28］中分形维数都为 1.5、粗糙度 R_a 都为 50 的两组曲线形貌明显完全不同。由于分形理论这些特点，因此分形维数需与其他描述岩石形貌面粗糙度的指标配合才能很好地反映粗糙度信息。同时上述防范所得分维数为标量，即分形维数与剪切方向无关，不能反映结构面剪切异性。

1.2.1.5　结构面粗糙度系数描述（*JRC*）

Barton[63-64] 对岩石结构面试样进行了直剪试验得到结构面剪切强度公式：

$$\tau = \sigma_n \tan\left[\varphi_b + JRC\lg\left(\frac{JCS}{\sigma_n}\right)\right] \tag{1-12}$$

式中　*JRC*——形貌面的粗糙度；

　　　JCS——岩石结构面壁强度，对于新鲜结构面其数值为岩石单轴抗压强度；

　　　φ_b——结构面基本摩擦角。

JRC 是通过试验反算得到的描述粗糙度的指标，与结构面轮廓有关同时也与岩性有关。然而定义结构面粗糙度的目的是通过确定粗糙度来估计结构面剪切强度，并不是通过结构面剪切试验来确定 *JRC* 值。Barton[63-64] 对 136 条结构面样本进行直剪试验并根据试验结果进行分组，得到了 10 条标准 *JRC* 曲线，这 10 条标准曲线与岩石结构面剪切强度建立了很好的联系。在所研究结构面上可用表面形态测量仪器测量并绘制出至少 3 条相应方向的结构面轮廓线，然后通过视觉对比的方法确定出 *JRC* 值。

然而采用视觉对比确定 *JRC* 数值方法主观性比较强，非常依赖于测试者的经验。为解决主观性的问题，国内外学者建立了 *JRC* 数值与结构面轮廓线统计参数、分形维数及其他定义的粗糙度指标之间的关系，这些方法均可客观定量描述结构面粗糙度。

1. 统计参数与 *JRC* 之间的关系

许多学者根据不同采样间距获得的形貌线数据建立了常用统计参数与 *JRC* 之间的关系：

（1）$JRC = 32.2 + 32.47\log(Z_2)$，采样间距 1.27mm[40]；

（2）$JRC = -4.41 + 64.46Z_2$，采样间距 1.27mm[40]；

（3）$JRC = -5.05 + 1.2\tan^{-1}(Z_2)$，采样间距 1.27mm[40]；

（4）$JRC = 32.69 + 32.98\log(Z_2)$，采样间距 0.5mm[36,41]；

(5) $JRC = -4.51 + 60.32Z_2$，采样间距 0.25mm[36,41]；

(6) $JRC = -5.06 + 64.28\tan(Z_2)$，采样间距 0.25mm[36,41]；

(7) $JRC = -2.3 + 116.3(Z_2)^2$，采样间距 0.25mm[36,41]；

(8) $JRC = -16.9 + 56.15(Z_2)^{1/2}$，采样间距 0.25mm[36,41]；

(9) $JRC = 28.43 + 28.10\log(Z_2)$，采样间距 0.25mm[36,41]；

(10) $JRC = -3.47 + 61.79Z_2$，采样间距 0.5mm[36,41]；

(11) $JRC = -3.88 + 65.18\tan(Z_2)$，采样间距 0.5mm[36,41]；

(12) $JRC = -2.73 + 130.87(Z_2)^2$，采样间距 0.5mm[36,41]；

(13) $JRC = -14.83 + 54.42(Z_2)^{1/2}$，采样间距 0.5mm[36,41]；

(14) $JRC = 28.06 + 25.57\log(Z_2)$，采样间距 0.5mm[36,41]；

(15) $JRC = -2.31 + 64.22Z_2$，采样间距 1mm[36,41]；

(16) $JRC = -2.57 + 66.86\tan(Z_2)$，采样间距 1mm[36,41]；

(17) $JRC = -3 + 157(Z_2)^2$，采样间距 1mm[36,41]；

(18) $JRC = -10.37 + 51.85(Z_2)^{0.6}$，采样间距 0.5mm[37]；

(19) $JRC = -6.1 + 55.85(Z_2)^{0.74}$，采样间距 1mm[37]；

(20) $JRC = 37.63 + 16.5\log(SF)$，采样间距 0.5mm[41]；

(21) $JRC = 2.69 + 245.7SF$，采样间距 1.27mm[41]；

(22) $JRC = 37.28 + 16.58\log(SF)$，采样间距 1.27mm[41]；

(23) $JRC = -4.51 + 239.27(Z_2)^{0.5}$，采样间距 0.25mm[36]；

(24) $JRC = 45.25 + 14.05\log(SF)$，采样间距 0.25mm[36]；

(25) $JRC = -3.28 + 121.13(Z_2)^{0.5}$，采样间距 0.5mm[36]；

(26) $JRC = 35.42 + 12.64\log(SF)$，采样间距 0.5mm[36]；

(27) $JRC = 26.49 + 10.66\log(SF)$，采样间距 1mm[36]；

(28) $JRC = (0.036 + 0.00127/\ln R_p)^{-1}$，采样间距 0.5mm[37]；

(29) $JRC = (0.038 + 0.00107/\ln R_p)^{-1}$，采样间距 1mm[37]；

(30) $JRC = 411\delta$，采样间距 0.684mm[42]；

(31) $JRC = -557.13 + 558.68(Z_2)^{0.5}$，采样间距 0.25mm[36]；

(32) $JRC = -597.46 + 559.73(Z_2)^{0.5}$，采样间距 0.5mm[36]；

(33) $JRC = -599.99 + 702.67(Z_2)^{0.5}$，采样间距 1mm[36]；

(34) $JRC = -5.28 + 92.97(\delta)^{0.5}$，采样间距 0.25mm[36]；

(35) $JRC = -3.28 + 92.07(\delta)^{0.5}$，采样间距 0.5mm[36]；

(36) $JRC = -2.31 + 63.69(\delta)^{0.5}$，采样间距 1mm[36]；

(37) $JRC = \log(\delta_L)/\log 1.1$ [38]；

(38) $JRC = 2.37 + 70.97R_q$，采样间距 1.27mm[40]；

(39) $JRC = 2.76 + 78.87R_a$，采样间距 1.27mm[40]；

(40) $JRC = 5.43 + 293.97M_s$，采样间距 1.27mm[40]；

(41) $JRC = 5.06 + 1.12\sigma_i$，采样间距 0.25mm[36]；

(42) $JRC = 3.88 + 1.14\sigma_i$，采样间距 0.5mm[36]；

(43) $JRC = 2.57 + 1.17\sigma_i$，采样间距 0.1mm[36]；

(44) $JRC = 17.83 + 7.74\sigma_i^{0.5}$，采样间距 0.25mm[36]；

(45) $JRC = 15.08 + 7.36\sigma_i^{0.5}$，采样间距 0.5mm[36]；

(46) $JRC = 12.14 + 6.95\sigma_i^{0.5}$，采样间距 0.1mm[36]；

(47) $JRC = 400\lambda$ [39]。

由以上研究可知，JRC 与许多常用统计参数之间存在一定的联系，可以通过研究二维剖面线的统计参数来获取结构面粗糙度 JRC 数值。然而他们之间的关系依赖于采样间距，不同采样间距获得的相关公式不同。为克服采样间距的影响，孙辅庭[65] 研究了统计参数（Z_2 与 SF）在不同采样间距情况下的数值，研究发现统计参数与采样间距成幂函数关系，以 Barton 十条标准形貌线为研究对象，构造出统计参数与 JRC 的关系。

$$JRC = 57.82[1 - b(Z_2)]^{-0.26}\sqrt{a(Z_2)} - 13.5 \qquad (1\text{-}13a)$$

$$JRC = 73.17[1 - b(SF)]^{-0.26}\sqrt{a(SF)} - 2.4 \qquad (1\text{-}13b)$$

研究表明上述方法获得的关系不受间距的影响，但有两个系数需要待定。另一个克服采样间距影响的思路是将离散点归为曲线来研究。赵志鹏[66] 研究发现基于形貌线离散点的坐标求 Z_2 值会忽略离散点之间的结构面精细结构，并且每一步的计算偏差值逐一累加后会导致最后计算误差较大，同时还具有不同离散间距得到 Z_2 不同的情况。计算 Z_2 实际上是一个积分过程，通过对自然岩石形貌线采用三角级数方式拟合得到近似的形貌曲线，然后利用积分形式求解 Z_2 所得 JRC 与实际更符合。由新方法求得 Z_2 与 JRC 建立的关系见下式：

$$JRC = 5.293e^{4Z_2} - 43.18e^{-41.8Z_2} \qquad (1\text{-}14)$$

统计参数大多对采样间距较为敏感，但采用新的方法可以克服采样间距的影响。通过统计参数来获取 JRC 数值简便易行，可以很好地定量化 JRC，使其客观化。但是不足之处是很少方法可以解决剪切方向性的问题，同时与结构面剪切力学机理的联系较少。

2. 分形维数与 JRC 之间的关系

许多国内外学者应用分形方法对结构面粗糙度进行了描述，对于分形维数 D 与 JRC 之间的关系的研究中，不同学者提出不同的关系表达式。这主要是由于不同的获取分形维数的方法会产生不同的分形维数，进而与 JRC 建立起不同的关系。

最早 Turk[67] 研究表明：

$$JRC = -1138.6 + 1141.6D \tag{1-15}$$

Lee[68] 等对 10 条典型 JRC 曲线进行研究，利用尺码法得到其分形维数数值，进而得到 JRC 与 D 之间的关系：

$$JRC = -0.87804 + 37.7844 \frac{D-1}{0.015} - 16.9304 \left(\frac{D-1}{0.015}\right)^2 \tag{1-16}$$

Wakabayashi 和 Fukushige[69] 应用尺码法测量了几种典型结构面剖面线，得到以下关系：

$$JRC = \left(\frac{D-1}{4.413 \times 10^{-5}}\right)^{0.5} \tag{1-17}$$

刘松玉[70] 在 Lee 与 Carr 的基础上，得到：

$$JRC = 1647(D-1) \tag{1-18}$$

尹红梅[71] 通过自行研制的结构面三维形貌面测量系统获取了结构面三维形貌面，采用立方体覆盖法对结构面进行了分形维数值的预测，并通过试验反算得到 JRC 值，进而得到以下关系：

$$JRC = 209.75D - 204.15 \tag{1-19}$$

并且以实际工程结构面验证了该公式具有较好的实用性。

朱珍德[72] 采用均方根坡角法分段研究了 10 条标准 JRC 曲线的分形维数，并建立了以下关系：

$$\left.\begin{array}{l} JRC = (D-1.4733)/0.0253 \quad (JRC = 0 \sim 14) \\ JRC = (2.878 - D)/0.0684 \quad (JRC = 14 \sim 20) \end{array}\right\} \tag{1-20}$$

许宏发[73] 采用 Hurst 指数法分析了 JRC 与 D 之间的关系，并建立了两个经验公式：

$$JRC = 100(D-1)^{0.4} \left\{1 - \frac{1}{\exp[300(D-1)]}\right\} \tag{1-21}$$

$$JRC = \frac{60(D-1)^{1.2}}{0.006 + (D-1)} \tag{1-22}$$

张洪林[74] 在试验基础上分析了 JRC 与 D 之间的关系，并建立了经验公式：

$$JRC = 6303.72D - 6298.61 \tag{1-23}$$

冯夏庭[75] 采用尺码法研究了 37 条结构面剖面线的分形维数，分析了 JRC 与 D 之间的关系，并建立了经验公式：

$$JRC = 56.63(D-1)^{0.4139} \tag{1-24}$$

秦四清[76] 采用尺码法对 18 条野外获取结构面进行了 JRC 与 D 之间的关系的分析，并建立了经验公式：

$$JRC = 209.75D - 204.15 \tag{1-25}$$

杨更社[77] 建立了 JRC 与 D 经验公式：

$$JRC = 1507.43D - 1507.054 \tag{1-26}$$

谢和平[78] 提出了计算结构面分形维数的新方法，并建立起 JRC 与 D 之间的关系：

$$JRC = 85.2671(D-1)^{0.5679} \tag{1-27}$$

曹平[79] 以 42 条结构面剖面线为基础，得到：

$$JRC = 19.35(D-1)^{0.46} \tag{1-28}$$

游志诚等[80] 采用变差函数计算了 10 条标准曲线的分形维数值，得到以下关系：

$$JRC = 287.76(D-1)^2 + 126.9(D-1) \tag{1-29}$$

周创兵[81-82] 在 Sakellariou[83]、Yu[36] 研究的基础上，得出以下经验公式：

$$JRC = 479.396(D-1)^{1.0566} \tag{1-30}$$

根据计算分形维数方法的不同，可分为基于二维剖面线分形方法与三维形貌面方法。通过分形维数与 JRC 建立关系可以克服统计参数依赖于采样间距的不足，可以考虑结构面精细的表面影响。然而计算分形维数根据不同的方法所得到的结果不同，没有一个统一的定量计算方法。

3. 直边法

Barton[84] 根据 200 多条形貌线得到以下经验公式：

$$JRC = [450 + 50\lg(10L_n/L_0)]R_y/L_0 \tag{1-31}$$

式中 R_y——形貌线最大起伏度；

L_0——实验室形貌线长度（0.1m）；

L_n——自然形貌线长度。

该方法只需获得形貌线起伏高差与形貌线长度就可预测 JRC 值，具有定量、简便、快速等优点。但是基于上述方法获取的 JRC 数值范围为 $0 \sim 20$，这与实际不符。实际工程中结构面 JRC 均值普遍在 20 以内，但某一具体位置的形貌线 JRC 值可大于 20。

杜时贵[85] 根据小浪底工程中 741 条结构面轮廓线的数据，对直边法进行了修正，给出了具体表达式：

$$JRC = 0.8589e^{0.644/L}\arctan 8R_A \tag{1-32}$$

式中，$R_A = A/L$，A 为结构面起伏度（cm），L 为结构面长度（cm）。误差分析表明杜时贵修正直边法比 Barton 直边法适用性好。

1.2.1.6 其他二维粗糙度描述指标

1. 角度粗糙度 θ_R

唐志成等[86] 提出剖面线长度与倾角均对剖面线粗糙度的特点有影响，进而提出了角度粗糙度 θ_R：

$$\theta_R = \sqrt{\lambda}\theta_v + \lambda\theta \tag{1-33}$$

其中:

$$\theta = \frac{1}{n}\sum_{i=1}^{n}\theta_i \tag{1-34}$$

$$\theta_v = \sqrt{\frac{1}{n-1}\sum_{i=1}^{n}(\theta_i-\theta)^2} \tag{1-35}$$

$$\lambda = L_i/L_t \tag{1-36}$$

式中　θ、θ_v——分别为平均方位角与方位角偏差;

　　　　θ_i——每一段曲线法向坡角;

　　L_i 与 L_t——分别为各微元段长度与形貌线总长度。研究发现形貌线粗糙度
　　　　越大 θ_R 越大,θ_R 与 JRC 成非线性关系。

2.指标 R_d 与形状因子 λ [28]

根据分形理论,当测量尺度小于某一临界值时分形维数才获得稳定;当测量
尺度较大时,所得分维数处于不稳定阶段。影响岩石结构面力学性质的尺度处于
分维数不稳定的阶段,单纯采用分维指标所得稳定值量测的精细结构对岩石力学
性质已经很微弱。易成[28] 把不稳定分维数与量测尺度结合起来考虑,提出一个
新的粗糙度指标 R_d。

$$R_d = \frac{10^k}{R}\sum_{i=1}^{m}r_i VD_{ni} \tag{1-37}$$

式中　10^k——放大系数,$k=2+\lg(R/r_1)$;

　　　R——断面轮廓;

　　　r——测量间距;

　　D_{ni}——r_i 采样间距时的分形维数。

R_d 的合理之处在于考虑了不同尺度结构面的细节,同时考虑到不同尺度测量的
结构面对岩石结构面力学影响程度不同,加大了较大尺度粗糙所得分形参数所占比
重。为考虑剪切方向的影响提出了能够反映结构形貌面方向的指标:形状因子 λ。

$$\lambda = \frac{\sum_{i=1}^{n}\Delta x_i}{\sum_{i=1}^{n}\sqrt{\Delta x_i^2+\Delta y_i^2}} \tag{1-38}$$

式中　Δx_i、Δy_i——分别为曲线在水平方向及相应高程方向的增量。

指标 R_d 与形状因子 λ 组成了结构面表面粗糙度的双指标系统,该系统中形
状因子 λ 可考虑剪切受力方向不同对强度的影响,指标 R_d 可考虑不同尺度粗糙
度的影响。双指标可全面描述形貌面的特征,但是否可用一个指标既体现主要尺
度的粗糙度又能体现方向性,这是一个值得探索的问题。

3.随机正态模拟方法

吴月秀等[87] 通过正态分布随机数生成方法模拟出 10 条 JRC 曲线,在生成

的曲线基础上计算出 JRC 与常见统计参数之间的关系。

4. 结构面粗糙分形参数

采样间距不同时会出现不同的结构面平均剪切抵抗角，孙辅庭[88] 研究发现平均抵抗角与间距成幂函数关系：

$$\theta^+(V) = \theta_0^+ V^\alpha \tag{1-39}$$

以分形截距 $A_{\theta^+} = \ln\theta_0^+$、分形维数 $D_{\theta^+} = 1 - \alpha$ 为粗糙度指标。进而将 3 个粗糙度指标结合提出一个结构面剪切粗糙度指标 SRI：

$$SRI = (D_{\theta^+})^{-0.45}(A_{\theta^+}\ \alpha) \tag{1-40}$$

研究得出了 JRC 与 SRI 之间的关系：

$$JRC = 11.61SRI - 18.01 \tag{1-41}$$

1.2.2　三维粗糙度指标

二维粗糙度指标由于信息量的限制导致描述的结果与结构面实际形貌有一定的偏差和局限，不能完全表示岩石结构面形貌的粗糙程度。要合理地反映结构面形貌特点需采用三维粗糙度来表征结构面形貌[89]。三维形貌特征粗糙度是在结构面实际三维形貌基础上根据不同的方法获取的，因此对大多数工程表面而言，其更能准确合理描述结构面表面起伏、凹凸形态。在三维形貌测量技术发展的基础上，基于形貌面三维数据发展出一系列三维粗糙度指标。

1.2.2.1　Belem 所提 5 个形貌几何参数

Belem 等[90-91] 通过定义 5 个形貌参数来描述三维结构面的粗糙度。

1. 结构面剪切倾角平均值 θ_s

采用结构面三维有效倾角平均值 θ_s 来描述结构面平均空间分布，θ_s 为每个三角形微元外法向与垂直方向夹角 α_k 的平均值。

$$\theta_s = \sum_{k=1}^{m}\alpha_k \tag{1-42}$$

2. 表面粗糙度系数 R_s

采用表面粗糙度系数 R_s 来表征岩石结构形貌面相对于平直结构面（水平投影）的不平整度。R_s 为结构面形貌实际面积 A_t 与名义面积 A_n 的比值。

$$R_s = \frac{A_t}{A_n} \tag{1-43}$$

R_s 的理论范围为 $R_s \geqslant 1$，当 $R_s = 1$ 时表示结构面为平整面，R_s 越大表示结构面越不平整，包含凹凸结构越多，结构面形貌越粗糙。

3. 各向异性度 K_a

结构面形貌具有方向性，从不同方向分析时结构面的起伏特点不同。为表示结构面各向异性程度，Belem 采用表面各向异性度 K_a 来表征结构面形貌不同方向的几何特征差异程度。各向异度为某一方向形貌参数与另一方向形貌参数的比值。实际应用中可先求得 x 方向某一形貌参数 P_x 与 y 方向某一形貌参数 P_y，则：

$$K_a = \frac{\max\{P_x, P_y\}}{\min\{P_x, P_y\}}$$ (1-44)

K_a 的范围为 $K_a \geqslant 1$，当 $K_a = 1$ 时表示结构面各向同性，K_a 越大表示结构面不同方向粗糙度差异越大，各向异性程度越大。然而该参数只是各方向粗糙度最大值与最小值的比值，并没有反映各方向参数的分布与差异情况。

4. 结构面弯曲度 T_s

Belem 采用结构面弯曲度来表示形貌粗糙扭曲程度，结构面弯曲度 T_s 为：

$$T_s = \frac{A_t}{A_p} \cos\phi$$ (1-45)

式中 A_t——结构面实际面积；

A_p——名义面积；

ϕ——π 平面法向量与 z 轴夹角。

其中 π 面由最小二乘法拟合形貌离散所得四点数据求得，平面方程为：

$$\alpha x + \beta y + z + \gamma = 0$$ (1-46)

则：

$$\cos\phi = \frac{1}{\sqrt{\alpha^2 + \beta^2 + 1}}$$ (1-47)

T_s 越小结构面形貌弯曲程度越大。

5. 形貌粗糙程度

Belem 采用平均正向坡度参数 θ_{p+} 与平均负向坡度参数 θ_{p-} 来表示形貌粗糙程度。对于二维形貌线：

$$\theta_{p+} = \tan^{-1} \left\{ \frac{1}{M_{x+}} \sum_1^{M_{x+}} \left[\left(\frac{Vz}{Vx}\right)_+ \right]_i \right\}$$ (1-48)

$$\theta_{p-} = \tan^{-1} \left\{ \frac{1}{M_{x-}} \sum_1^{M_{x-}} \left[\left(\frac{Vz}{Vx}\right)_- \right]_i \right\}$$ (1-49)

式中，M_{x+}、M_{x-} 分别为结构面轮廓范围内间距为 Vx，坡度为 $\left(\dfrac{Vz}{Vx}\right)_+$、$\left(\dfrac{Vz}{Vx}\right)_-$ 的总个数。

对于三维形貌面：

$$(\bar{\theta}_{p+})_k = \tan^{-1} \left\{ \frac{\sum_{j=1}^{N_p} (S_{p+})_{kj} L_{kj(+)}}{\sum_{j=1}^{N_p} L_{kj(+)}} \right\}$$ (1-50)

$$(\bar{\theta}_{p-})_k = \tan^{-1}\left\{\frac{\sum_{j=1}^{N_p}(S_{p-})_{kj}L_{kj(-)}}{\sum_{j=1}^{N_p}L_{kj(-)}}\right\} \qquad (1-51)$$

式中，N_p 表示三维形貌面上的形貌线个数，k 表示分析方向的 k 轴，$L_{kj(+)} = VxM_{x+}$，$L_{kj(-)} = VxM_{x-}$。

1.2.2.2 三维形貌均方根

二维坡度均方根[40] 为：

$$Z_2 = \sqrt{\frac{1}{L}\int_{x=0}^{x=L}\left(\frac{dy}{dx}\right)^2 dx} = \sqrt{\frac{1}{M(\Delta x)^2}\sum_{i=1}^{M}(y_{i+1}-y_i)^2} \qquad (1-52)$$

式中，L 为形貌线长度；Δx 为采样间距；M 为取样总数。对于特定曲线采样间距一致时 Z_2 值一定。

对于三维结构面，沿同一方向可有无数平行直线，每一条直线可求出其坡度均方根，将所有直线坡度均方根平均可得到三维坡度均方根[90-92]。

$$(Z_2)_{3d} = \sqrt{\frac{1}{(N_x-1)(N_y-1)}(Y_1+Y_2)} \qquad (1-53)$$

$$其中\begin{cases}Y_1 = \dfrac{1}{\Delta x^2}\sum_{i=1}^{N_x-1}\sum_{j=1}^{N_y-1}\dfrac{(z_{i+1,j+1}-z_{i,j+1})^2+(z_{i+1,j}-z_{i,j})^2}{2}\\[4mm] Y_2 = \dfrac{1}{\Delta y^2}\sum_{i=1}^{N_x-1}\sum_{j=1}^{N_y-1}\dfrac{(z_{i+1,j+1}-z_{i+1,j})^2+(z_{i,j+1}-z_{i,j})^2}{2}\end{cases} \qquad (1-54)$$

式中，N_x、N_y 分别为沿 x、y 轴取样数目；Δx、Δy 分别为沿 x、y 轴取样间隔；$Z_{i,j}$ 为采样点（i，j）的高度。

1.2.2.3 粗糙度指标 *BAP*

Tang et al.[93] 提出了基于光亮面积百分比 *BAP* 的粗糙度指标。首先采用三维激光测量技术获取了形貌节点坐标，利用 surfer 软件得到三维形貌图像并结合一定角度的虚拟光源得到含部分光照与部分阴影的图片。然后利用图像分割技术计算出光照部分所占整个结构面形貌面积的比值，改变不同虚拟光源角度 β 可得到不同的光亮面积百分比 *BAP*。

随着入射角度的增加，光亮面积比会变大，变化呈现先缓后陡的趋势。光亮面积比在 35°～70°时变化较大而在其他区间变化不大，因此作者建议试验时应设置入射角度在 35°～70°，其中最佳入射角度为 55°。粗糙度指标 *BAP* 可在一定程度上反映结构面粗糙度，但由于计算光亮面积时阈值的确定具有主观性，因此 *BAP* 值的确定具有主观性。同时基于光照的方法也仅仅是反映了形貌几何分布的特点并没有揭示出剪切力学机制与粗糙度的关系。

1.2.2.4 基于多重分维的岩体结构面三维粗糙度表示法

陈世江[94-95]通过面积覆盖法求解出分形维数值，并运用多重分维普宽与广义维数阈值宽度来描述结构面形貌粗糙度。粗糙度指标计算过程如下：首先通过高清数码相机拍摄岩石结构面获得高清图像，经处理获得图片灰度图。利用灰度来代表高差，并结合结构面实际高差进行等比例缩放得到形貌面高度图。至此岩石结构面形貌可由图像处理技术得到，此方法较高清三维扫描系统更快速易得结构面高度分布，但精度较差。通过面积覆盖法求分形维数值，求解过程中发现不同的尺度阶段有不同的分形维数，进而发现岩石具有多重分形维数特征。

结合多重分维的思想，定义结构面粗糙性概率为：

$$p_i = \frac{A_i(\delta)}{A_T(\delta)} \tag{1-55}$$

式中，$A_i(\delta)$ 是尺度为 $\delta^{-1} \times \delta^{-1}$ 时第 i 个网格的面积；$A_T(\delta)$ 为结构面总面积。

根据多维理论 $p_i(\delta) \sim \delta^{ai}$，$\alpha_i$ 为第 i 个网格的奇异性参数。$N(\alpha)$ 为奇异性 α 到 $\alpha + d\alpha$ 的网格数目，$f(\alpha)$ 为具有奇异性为 α 的多重分形维数。不同的 α 对应的 $f(\alpha)$ 称为多重分维谱。

定义：

$$u(q,\delta) = \frac{[p_i(\delta)]^q}{\sum_i [p_i(\delta)]^q} \tag{1-56}$$

$$f(a(q)) = \lim_{\delta \to 0} \frac{\sum_i u_i(q,\delta) \ln u_i(q,\delta)}{\ln\delta} \tag{1-57}$$

其中：

$$a(q) = \lim_{\delta \to 0} \frac{\sum_i u_i(q,\delta) \ln p_i(\delta)}{\ln\delta} \tag{1-58}$$

则广义分形维数为：

$$D(q) = \frac{1}{q-1}[qa(q) - f(a)] \tag{1-59}$$

$$\Delta a(q) = a(q)_{max} - a(q)_{min}$$
$$\Delta D(q) = D(q)_{max} - D(q)_{min} \tag{1-60}$$

多重分维普宽 $\Delta a(q)$ 与广义维数阈值宽度 $\Delta D(q)$ 为表征粗糙度特征的形貌参数。基于多重分维特征的粗糙度指标可克服传统分维方法的些许不足，但得到的粗糙度指标也仅从几何角度研究形貌面。

1.2.2.5 利用立体几何特征的粗糙度参数

陈翔[96]利用3D测量系统精确测量出膨胀岩结构面的形态，根据地理信息系统技术，实现了结构面三维可视化。分析了不同含水率下膨胀岩结构面平均高度、坡度的平均值、分维值。研究发现结构面平均高度随着含水率的增加而增加,坡度平均值随着含水率增加而减少。计算文中结构面形貌分维值时首先利用软件提取一条结构面剖面线来计算剖面线高差均方根,然后利用分形几何理论中的变量图法计算出剖面线的分形维数。

1.2.2.6 基于形貌体积的三维粗糙度表示法

范翔[97] 运用三维非接触式高精度激光扫描仪,分析了岩石结构面剪切前后体积的变化,研究了剪切作用下结构面体积损失与剪切强度的关系。通过定量研究剪切过程中结构面的体积变化,发现结构面体积随着剪切作用过程进行而减小,结构面体积损失主要集中在中间高度范围内。为此定义了有关体积损失率的粗糙度指标,具体是何种形式还需进一步研究。

以上三维粗糙度指标只是基于形貌面几何特征来探讨,未能与剪切力学性质建立明确的联系。Grasselli[98] 研究发现只有面向剪切方向坡度角为正的结构面微元对剪切强度有贡献,并首次将岩石三维形貌面参数与结构面剪切强度联系起来。将结构面离散为三角形网格,定义了有效倾角,并且建立了有效倾角与接触面积的统计关系,最后在此关系基础上提出了三维粗糙度指标。

1.2.2.7 最大可能面积比

Grasselli[99] 提出最大可能接触面积比 A_0 表示爬坡部分总面积对结构面抗剪强度的影响,并首次将岩石三维形貌面参数与结构面剪切强度联系起来。形貌面三维描述的方法首先通过光学非接触式形貌扫描仪获得形貌有限单元节点的位置坐标,然后将结构面形貌以一定间距等效为连续的三角形单元,最后通过计算三角形单元的特征参数来得到三维形貌参数。研究表明:只有面向剪切方向坡度角为正的结构面微元对剪切强度有贡献。最大可能接触面积比 A_0 为所有有效倾角不小于 0 度的所有微元面积总和 A_d 与结构面总面积 A_t 的比值。

$$A_0 = \frac{A_d}{A_t} \tag{1-61}$$

对于三维化的网格

$$A_t = (\Delta x \Delta y) \sum_{i=1}^{N_x-1} \sum_{j=1}^{N_y-1} \sqrt{1 + \left(\frac{z_{i+1,j} - z_{i,j}}{\Delta x}\right)^2 + \left(\frac{z_{i,j+1} - z_{i,j}}{\Delta x}\right)^2} \tag{1-62}$$

式中,N_x、N_y 分别为沿 x、y 轴取样数目;Δx、Δy 分别为沿 x、y 轴取样间隔;$Z_{i,j}$ 为采样点 (i,j) 的高度。采用最大接触面积比 A_0 可以反映形貌的特点,其范围为 $0 < A_0 < 1$。但是接触面积比 A_0 没考虑到爬坡区域面积一致但背坡区域不同的情形。

图 1-2 中剪切方向为由左向右。两组结构

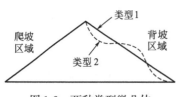

图 1-2 两种类型微凸体

面爬坡区域相同（假设爬坡区域面积均为 3），背坡区域不同（假设背坡区域面积分别为 3、5）。结构面力学性质只与爬坡区域有关，背坡区域并不影响剪切力学性质，所以两组结构面剪切力学性质是相同的。合理反映结构面剪切强度的粗糙度指标在这种情况下应该是相同的，但是采用接触面积比 A_0 来表述两种情况所得数值不同，分别为 1/2 与 3/8。这就不能很好地与结构面剪切强度联系起来。

1.2.2.8 结构面平均倾角

将结构面等效为连续三角形网格，假设三角形 ABC 为任意三角形单元，定义如图 1-3 所示。θ 为结构面微元的倾角，α 为结构面倾向与剪切方向的夹角，t 为剪切方向矢量，n 为单元外法线矢量，n_0 为剪切平面外法线矢量，n_1 为 n 在剪切平面的投影矢量。

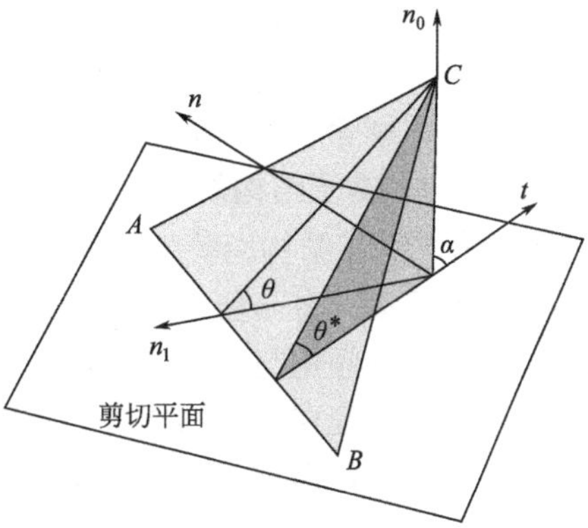

各个角度之间的关系：

图 1-3 三角形单元

$$\begin{aligned} \cos\theta &= \frac{nn_0}{|n||n_0|} \\ \cos\alpha &= \frac{tn_0}{|t||n_0|} \\ \tan\theta^* &= -\tan\theta\cos\alpha \end{aligned} \quad (1\text{-}63)$$

则三维有效抵抗角为：

$$\theta^* = \begin{cases} 0, & \theta^* \leqslant 0 \\ \tan^{-1}(-\tan\theta\cos\alpha), & \theta^* \geqslant 0 \end{cases} \quad (1\text{-}64)$$

在三维网格形貌面基础上提出了三维平均有效倾角作为描述结构面特征的指标。研究发现有效倾角大于 θ 的所有微元面积 A_{θ^*} 与 θ 存在以下关系[99]：

$$A_{\theta^*} = A_0 \left(\frac{\theta^*_{\max} - \theta^*}{\theta^*_{\max}} \right)^C \quad (1\text{-}65)$$

式中，A_0 为所有结构面微元倾角大于 0 时的面积总和；$\theta_{\max}$ 为结构面微元倾角最大值；C 为公式拟合系数，描述角度分布情况。在此基础上提出各方向形貌参数 $\theta_{\max}/C$ 来描述粗糙度，研究发现剪切强度与 $\theta_{\max}/C$ 具有较好吻合度。同时参数 $\theta_{\max}/C$ 不仅可表征粗糙度还可以表征形貌面各项异性。然而 Tatone[37] 指出，$\theta_{\max}/C$ 仅仅是表征粗糙度的经验参数并没有实际物理意义。

对式（1-64）在 $[0, \theta_{\max}]$ 内积分，则有：

$$\int_0^{\theta_{\max}} A_0 \left(\frac{\theta_{\max} - \theta}{\theta_{\max}} \right)^C \mathrm{d}\theta = A_0 \frac{\theta_{\max}}{1+C} \quad (1\text{-}66)$$

将 $\theta_{3d}=[\theta_{max}^*/(1+C)]_{3d}$ 作为形貌面的粗糙度表征量可以很好地反映形貌面的粗糙度，并且该指标具有方向性，能够合理地与剪切强度建立联系。该参数的物理意义是形貌面剪切方向的平均倾角。但是由于指标 θ_{3d} 中含有 A_0，所以指标 θ_{3d} 同样没考虑到爬坡区域面积一致但背坡区域不同的情形。

该指标可以很好地反映剪切力学性质。然而 Grasselli 提出的三维粗糙度指标具有以下不足：（1）不同的网格密度获得粗糙度指标不同，这就要求在应用时必须严格按照文献中的网格密度获取粗糙度指标，这一特点使得粗糙度指标在应用上不方便，对仪器精度要求较高。（2）在实际计算过程中会出现过大离散角度的情况。若是不剔除过大离散倾角，则 θ_{max}^* 的确定会受到影响。若是剔除离散点的影响，具体剔除多少离散点具有一定的主观性。

1.2.2.9　基于结构面平均倾角的且不受采样间距影响的三维粗糙度指标

孙辅庭[65] 将结构面等效为连续的三角网格单元，研究了单元视倾角的分布情况，同时假设只有与剪切方向夹角为正的微凸体面对结构面抵抗剪切有贡献。研究发现单元视倾角与三维坡度均方根相似，不同的是 $(Z_2)_{3d}$ 没有考虑剪切方向的影响。孙辅庭在坡度均方根的基础上，考虑单元视倾角为正的单元对结构面剪切强度的影响，提出了可全面反映三维形貌的几何参数。

$$\theta_s = \tan^{-1}\left[\left(\frac{1}{m}\sum_{r=1}^{m} i_m^2\right)^{1/2}\right] \tag{1-67}$$

式中，m 为单元与剪切方向夹角为正的个数，i_m 为单元与剪切方向的夹角的正切值。

分析了测量尺度与平均粗糙角 θ_s 之间的关系，发现可用幂律来表述：

$$\theta_s(\delta) = \theta_0 \delta^a \tag{1-68}$$

式中，$\theta_s(\delta)$ 为测量尺度 δ 为平均粗糙角，α 为分形维数，θ_0 为测量尺度为 1 时的平均粗糙角，也为分形截距。

分形截距是反映结构面形貌平均倾角的指标，反映了起伏度的大小。分形维数是相对的形貌线指标，衡量了结构面细部结构的复杂程度，与测量尺度无关。通过两个指标可以全面反映结构面粗糙度。然而这两个指标求解过程较为复杂，并且两个指标需要拟合数据求得，指标求解存在一定误差。对于三角形网格，不同的三角形网格划分方式得到的不同的外法线倾角，有一定的不稳定性存在。同时该指标系统只是采用有效剪切角来反映剪切抵抗程度，具体不同大小的有效剪切角对强度贡献的比例没有探求。

1.2.2.10　基于潜在接触面积比 I_{PAP} 的粗糙度指标

蔡毅[100] 阐明了结构面在剪切过程中的潜在接触部分对结构面粗糙度有重要影响，并提出了粗糙度指标 I_{PAP}：

$$I_{PAP} = \frac{A_T}{A_h} \tag{1-69}$$

式中，A_T 为潜在接触微元在剪切方向上的投影面积，A_h 为结构面的水平投影面积。

结合工程应用实例展示了粗糙度指标 I_{PAP} 的计算过程，并研究了同一结构面不同精细程度几何模型的 I_{PAP}。结果表明：基于 I_{PAP} 评价的结构面粗糙度具有各向异性，且结构面同一剪切方向的 I_{PAP} 随其几何模型精细程度的增强而增大。对比研究了 I_{PAP} 与 Grasselli 粗糙度评价方法，结果表明基于此 2 种方法的粗糙度评价结果具有相似性。

1.2.2.11　李化所提的粗糙度指标

李化[101] 对岩石三维形貌面进行了 12 个参数的提取，这 12 个粗糙度参数可归为幅度参数、空间参数、综合参数（倾角某个角度范围所占统计总量的百分比 $P_{\geqslant(\leqslant)\theta}$，倾角总面积与所占结构面总表面积的百分比）。高度分布可反映结构面凹凸分布以及凹凸锁固作用的面积；空间参数可反映结构面的各相异性；综合参数可反映结构面形貌幅度和空间两个方面的信息。然而采用 12 个参数会过度描述粗糙度，没有抓住影响粗糙度的本质特征，研究发现部分特征参数具有相关性，因此最终采用缓、陡倾面所占统计总量百分比和倾角总面积以及结构面总表面积比这三个参数作为粗糙度参数，并确定了这三个参数与 JRC 之间的关系。

1.2.2.12　基于倾角的总面积所占结构面总表面积的百分比 P_D 的粗糙度指标

宋磊博[102] 研究发现有效剪切角、起伏高度特征和结构面的高度特征可在一定程度上反映结构面粗糙度。于是提出了基于这三个指标的综合粗糙度指标 SC，提出了适用于计算参数 SC 的方法，研究表明该指标可以较好地描述自然结构面形貌各向异性。

1.2.3　粗糙度指标的讨论

1.2.3.1　各向异性指标的讨论

岩石结构面具有随机分布特征，研究发现结构面形貌具有各向异性特征。合理的粗糙度指标应该能表示出结构面的各向异性特征。目前对于结构面粗糙度各向异性描述主要从以下 3 个思路来提出：

1. 将沿剪切方向为正的坡度作为影响剪切强度的关键因素所提出的指标

该思路得出的具有各向异性的粗糙度指标有：Belem 的平均正向坡度参数 θ_{p+}、平均负向坡度参数 θ_{p-} 和结构面剪切倾角平均值 θ_s；Grasselli 在沿剪切方向为正的三角形微元等效倾角基础上提出的形貌参数 θ_{max}/C；Tatone 考虑了 θ_{max}/C 的物理意义，提出的形貌参数 $\theta_{max}/(1+C)$ 相关的剪切公式；孙辅庭在坡度均方根的基础上，考虑单元视倾角为正的三角形单元对结构面剪切强度的影响，提出的可全面反映三维形貌的几何参数；Aydan[103] 等提出的与方向倾角 θ 有关的结构函数 F 与 $\ddot{O}$ 均可反映结构面方向异性。

2.基于光照所得阴影面积比的粗糙度参数

Tang 和 Ge[93] 提出的基于光亮面积百分比 BAP。

3.其他粗糙度参数

陈世江[94-95] 通过面积覆盖法求解分形维数值，并运用多重分维普宽与广义维数阈值宽度来描述的结构面粗糙度。Kulatilake 等[104] 提出的复合参数 $D_{rld} \times K_v$ 表征法。周宏伟[105] 采用累积功率谱密度的指数结构面形貌参数。

这些粗糙度指标都可一定程度上反映结构面形貌各向异性。其中与结构面剪切方向相关的结构面倾角物理意义明确，可以结构面剪切强度很好地联系起来。但由于三角形网格的特点以及不同大小的有效剪切角对强度贡献的比例不同的问题仍待进一步探求。

为定量化结构面粗糙度各向异性特征。Belem[90-91] 采用表面各向异性度 K_a 来表征结构面形貌不同方向的几何特征差异程度，各向异度为某一方向形貌参数与另一方向形貌参数的比值。陈世江[106] 计算了结构面各个方向 JRC_v 值，通过最大值与最小值的比值来确定了岩石各向异性系数，研究发现各向异性系数随着尺度的变化在变化。宋磊博[107] 为定量表征结构面形貌特征提出了各向异性参数，该参数考虑了结构面各个方向的异性特征，与 Belem 所提异性参数仅是结构面最大参数与最小参数的比值相比更具有全面性。

1.2.3.2　采样间隔的影响

结构面粗糙度大多基于结构面形貌几何特点提出，采样间距也会影响结构面形貌的特征进而影响结构面形貌面粗糙度。数据采集过程中往往是按照一系列的点进行测量，通过获取点云数据来获取结构面形貌数据，采样间距就是点与点之间的距离。相对于粗糙度各向异性研究来讲，关于采样间距影响因素的研究较少。研究采样间距影响时主要有以下两个思路：

1.通过不同采样间距获得统计参数建立统计参数与 JRC 之间的关系，得出不同采样间距下的关系表达式。该方法考虑了结构面粗糙度的间距效应，并没有研究间距效应对粗糙度各向异性的影响、间距效应对各向异性度的影响。

2.采用分形的方法来研究结构面粗糙度采样间距的影响。天然结构面具有自仿射分形特征，可根据分形理论来研究结构面的粗糙度。

谢和平[78] 研究表明以尺度 δ 进行度量的粗糙表面的面积 $A_T(\delta)$ 与测量尺度 δ 存在下列关系：

$$A_T(\delta) = A_{T0}(\delta)\delta^{2-D} \tag{1-70}$$

式中，A_{T0} 为粗糙表面的直观面积；D 为粗糙表面的真实分形维数，D [2，3)。

对其两边取对数，可得到粗糙表面的分形维数 D：

$$D = 2 - \frac{\ln\left(\dfrac{A_T(\delta)}{A_{T0}}\right)}{\ln\delta} = 2 - \beta \tag{1-71}$$

事实上不仅仅是粗糙表面的面积 $A_T(\delta)$ 与测量尺度 δ 有关，基本上所有统计指标都与采样间隔都有关系。随着采样间距的增大，往往所获得的粗糙度指标会减小，这是由于在较大测量尺度下结构面的细节信息将会忽略。然而细节信息对结构面的强度也会有影响，因此粗糙度指标应具有克服采样间距影响的性质。采用分形的方法与统计指标结合的方法可以同时兼顾指标各向异性与克服采样间距的影响。孙辅庭参考上述方法，在不同测量尺度 δ 下获得结构面粗糙度指标平均等效倾角，也发现其数值与测量尺度 δ 之间存在幂定律的关系[108-110]，即：

$$\theta(\delta) = \theta_0(\delta)\delta^{2-D_\theta} \tag{1-72}$$

式中，θ_0 为分形粗糙度，数值为测量尺度为 1 的指标 θ；D_θ 为分形维数。对其两边取对数，可得到粗糙表面的分形维数。

针对采样间距对粗糙度的影响，国内外学者的研究结果基本一致，但存在以下 5 个问题：（1）粗糙度指标对采样间距较为敏感，不同的间距获得不同的与 JRC 之间的关系。（2）大多与 JRC 建立关系时采用的是二维形貌线，还需进一步根据三维形貌面提出相应的关系式。（3）对结构面粗糙度与采样间距的关系研究大多停留在描述阶段，即采样间距越大，粗糙度越小。采样间距越小所获取形貌面的细节越多，但并不意味着采样间距越小越好，因为与结构面剪切力学相关的尺寸并不是越小越合理，同时采样间距越小所花费的采集时间与处理时间越长。（4）目前研究阶段大多停留在粗糙度指标与采样间距的关系，并没有研究粗糙度各向异性特征与采样间距的影响。（5）大多数粗糙度指标由于本身并不能很好与结构面剪切性质联系起来，因此所得的不同采样间距的结果还需进一步分析。

1.2.3.3 尺寸效应的影响

结构面形貌不仅具有各向异性效应、采样间距效应还具有尺寸效应。尺寸效应不仅在结构面剪切强度上体现，同时在结构面粗糙度上得到体现。Barton 和 Choubey[64] 研究表明随着结构面尺寸的增加，结构面粗糙度 JRC 会减小，并给出了定量表达式。Barton 和 Bandis[111] 的研究结果解释了由实验室小尺寸 JRC 结果推测天然大尺寸结构面 JRC 结果的可能性，并给出了相应的经验公式。杜时贵[112] 研究了 1668 条结构面轮廓线发现随着取样长度增大，其粗糙度存在明显的尺寸效应。杜时贵[85] 根据小浪底结构面 741 条结构面轮廓线的 JRC 测量数据，对直边法进行了修正，给出了具体表达式。Fardin 等[113-114] 应用分形维数去描述结构面粗糙度，发现分形维数也具有尺寸效应。研究表明随着尺寸的增大，分形维数逐渐减小，当尺寸增大到一定程度时，结构面分形维数保持稳定。徐磊[115] 计算了三维结构面分形参数，研究表明分形参数均在一定尺寸范围内随着研究尺寸增大而减小，当结构面达到 210mm 后，分形参数趋于稳定。吉峰[116] 研究表明不同的结构面具有不同的稳定参数尺寸。对于强风化粉砂岩，稳定尺寸为 500mm；对于新鲜砂岩，稳定尺寸为 50mm。因此在取样时应选择合适的尺寸来代表工程结构面尺寸。由于结构面存在尺寸效应，不同尺寸的结构面各向异性效应不同，因此在考虑结构面各向异性效应时必须探讨其尺寸效应。陈世江[106] 研究了粗糙度指标 SRv 的各向异性效应与尺寸效应，研究表明随着尺寸的增大粗糙度指标逐渐减小并趋于稳定，同时研究发现不同方向的 SRv 收敛速度不同。这表明结构面形貌各向异性以及剪切强度方向性的研究应在尺寸效应的基础上提出，不研究尺寸效应而单纯的研究结构面各向异性是不全面的。卢妮妮[117] 进行了复杂结构面岩体剪切强度特性的尺寸影响研究，基于离散元软件，通过对 10 组不同尺寸的结构面进行了直剪试验模拟，探讨了尺寸对结构面剪切强度参数的影响。研究表明凝聚力与摩擦角均表现为尺寸效应，并且尺寸对两者影响不尽相同。葛云峰[118] 对结构面粗糙度各向异性、尺寸效应、间距效应进行了研究。研究中采用改进了 Grasselli 粗糙度描述方法，该方法是在分析三角形网格划分劣势情况下提出四点拟合平面的方法。通过研究四边形角度分布规律表明天然结构面具有明显的各向异性，采样间距与研究尺寸不同对粗糙度各向异性影响情况也不同。

虽然对结构面粗糙度的尺寸效应进行了大量的研究，但是仍然存在以下 5 个主要问题：（1）已发表的成果并不完全统一，有学者认为结构面粗糙度随着研究尺寸增加而增加，有的结论相反，还有认为粗糙度与结构面尺寸效应关系不大。（2）基于二维剖面线的研究成果较多，能够全面反映结构面粗糙度尺寸效应的三维粗糙度指标特点研究较少。（3）研究粗糙度大多只是研究了某一方向结构面粗糙度尺寸效应，并没有研究不同方向粗糙度尺寸效应以及他们之间的关系。（4）粗糙度尺寸效应与各向异性之间的相互影响关系研究目前较少。（5）大多数研究解释了粗糙度的尺寸效应，但是没有给出切实的解决方法。理论上消除粗糙度尺寸效应的方法就是加大研究尺寸，但是粗糙度与临界尺寸之间的关系并没有解决。上述研究的指标并没有很好地与剪切强度联系起来，因此在提出合理反映结构面剪切强度的粗糙度指标基础上研究其各向异性效应与尺寸效应很有必要。

1.2.3.4 目前粗糙度指标的问题

1. 三角形单元确定结构面的缺陷

从目前研究来看，对于三维粗糙度指标的确定方法大多是基于三维形貌测量系统获取点云数据，然后将结构面划分为连续三角形网格来分析三角形网格的几何特征参数。应用三角形可以方便划分网格，同时不同三角形所面向剪切方向的角度可以很好地表示出形貌面方向性的特点。但是得到面向剪切方向坡度较大的三角形单元对剪切强度影响较大的结论只是从试验研究所得到的规律，并没有定量研究三角形等效倾角与剪切强度的关系。在划分过程中对于相邻四个节点可以划分不同的三角形网格组合（图 1-4），那么对于无数节点就可以有无数种三角形网格划分方式。

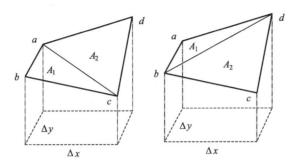

图 1-4 三角形单元两种划分方式

图 1-4 中两种方式划分的网格三角形单元面积与角度分布明显不同，研究发现采用不同的三角形单元划分计算 $\theta_{3d} = [\theta^*_{\max}/(1+C)]_{3d}$ 的结果不同。鉴于此，采用 abcd 四点拟合平面代替三角形法，所取四个点组成的平面也是具有角度特征，所以该方法也可以表示形貌面各向异性[118]。但实际上当采样间隔较大时，这种近似计算可能误差较小；当采样间距较小时，相连点高程差可能较大，对于角度的影响较为敏感。笔者认为可将结构面等效为连续长方体微凸体单元，通过等效高差来反映形貌面异性。通过长方体单元可解决上述划分方式对粗糙度的影响，同时采用长方体单元更方便揭示结构面破坏特征，便于与结构面剪切强度联系起来。

2.粗糙度与剪切强度联系方面的不足之处

二维粗糙度指标由于其信息有限性不能全面地反映结构面粗糙度特征，在此不讨论其与结构面剪切强度之间的关系。Belem[90-91] 等定义的 5 个形貌参数来描述三维结构面的几何信息仅仅是从几何上描述形貌面的特点。李化[101] 等提出的 12 个参数，这 12 个粗糙度参数可归为幅度参数，虽然较 Belem 的指标更为全面，但也主要是对于结构面形貌几何方面的描述，并没有解释如何与结构面剪切强度联系起来。葛云峰[118] 提出光亮面积百分比 BAP 的三维粗糙度系数表征方法，然而只能说明不同方向平行光照射时结构面所产生阴影面积不同，只是象征的说明形貌面剪切异性。虽光照产生的阴影与结构面剪切有类似，但实质却与结构面剪切力学特征完全不同，因此采用该指标与结构面剪切力学性质联系起来有待深入研究。对于分形特征，大多获取方法是研究结构面不同尺度的形貌面面积。不同尺度的形貌面面积为测量对象不能很好地反映岩石结构面剪切强度。该方法所得分形维数 D 为标量，即分形维数与剪切方向无关，不能反映结构面剪切异性。陈世江[106] 通过面积覆盖法求解分形维数值，并运用多重分维普宽与广义维数阈值宽度来描述结构面粗糙度。相对于普通分形维数来说，多重分维普宽与广义维数阈值宽度是对结构面形貌几何特征的深入挖掘，仍然没有从结构面剪切强度方面解释指标的物理意义。Grasselli[98-99] 研究发现只有面向剪切方向坡度角为正的结构面微元对剪切强度有贡献，并首次将岩石三维形貌面参数与结构面剪切强度联系起来，提出的三维粗糙度指标可以一定程度上反映剪切力学性质。孙辅庭[108-110] 在 Grasselli 有效剪切倾角的基础上研究了有效剪切角的平均值与离散程度，同时发现平均有效剪切倾角具有分形性质。在此基础上提出了描述粗糙度的三个指标，指标系统可避免了采样间距不同得到的指标不同。但该指标系统只是将有效剪切角来反映对剪切抵抗程度，具体不同大小的有效剪切角对强度贡献的比例没有探求。综上所述目前粗糙度指标在与结构面剪切力学性质联系方面还有些许不足。本文将结构面微凸体等效为长方体微凸体，研究了不同几何参数微凸体对剪切强度的影响。微凸体剪胀破坏与剪断破坏两种不同模式对剪切强度影响不同，在此理论基础下提出了具有分维特征的三维粗糙度指标系统。该指标系统可通过等效高差反映微凸体对强度的影响，可以描述剪切方向性，同时克服了采样间距的影响。

1.2.4 结构面峰值剪切公式

Indraratna 和 Haque[119] 指出对于岩石结构面剪切试验有两种正应力加载路径。当岩石结构面剪切时若其竖向扩张（剪胀作用）受到全部或部分约束，这将影响岩石结构面的抗剪强度。考虑法向以弹簧刚度 K 为约束，结构面法向应力会因膨胀作用受约束而增加，增加的程度为 $\Delta F = K \Delta Y$，剪胀作用使结构面法向应力增加进而导致结构面剪切强度增加。这种情况称为常法向刚度结构面剪切试验（CNS），嵌岩桩的桩面与岩石结构面在地下相互作用就是常法向刚度情况。另一方面，如果岩石结构面在剪切过程中法向位移不受限制，仅存在应力边界条件，则在剪切过程中不会发生任何法向应力变化。这种情况称为常法向应力结构面剪切试验（CNL），相对应的实际情形如边坡稳定研究。对于常法向应力情况，由于该种类型试验易控制，且常法向应力条件下方便揭示结构面剪切机制，因此大多数结构面剪切试验是基于常法向应力剪切试验提出。

在岩石力学发展的近几十年，国内外学者提出许多结构面剪切强度公式。获取结构面剪切强度公式的方法可分为两种思路：其一是在大量结构面剪切试验的基础上，研究影响结构面剪切强度的主要因素，总结归纳出结构面峰值抗剪强度公式。其二是对结构面剪切强度进行理论分析，提出结构面剪切强度公式，然后结合实验结果进行一些修正。

1.2.4.1 Patton 公式

Patton[120] 针对单一规则齿状结构面（试样具有一致的齿状角度 i）进行了一系列结构面直剪试验，提出了著名的 Patton 双直线强度模型。

对于平直结构面岩石表面剪切：

$$\tau = \sigma_n \tan\varphi_b \qquad (1\text{-}73)$$

当结构面有起伏角为 i 的规则结构面时：

$$\tau = \sigma_n \tan(\varphi_b + i) \qquad (1\text{-}74)$$

式中，φ_b、σ_n 分别为基本摩擦角与法向应力。

当结构面产生剪切位移时结构面法向位移会发生变化，同时总体积会增加，即发生剪胀效应。Patton 将公式推广到非规则结构面情形，这种情况下 $i = \arctan(Z_2)$，但公式只适用于法向应力较低、结构面微凸体未破坏情形。

当法向应力大于 σ_T 时结构面会发生破损，此时：

$$\tau = c + \sigma_n \tan\varphi_r \qquad (1\text{-}75)$$

式中，c 为结构面岩壁黏聚力，φ_r 为结构面残余摩擦角。

其中：

$$\sigma_T = \frac{c}{\tan(\varphi_b + i) + \tan\varphi_r} \qquad (1\text{-}76)$$

1.2.4.2　Jeager 公式

Patton 公式中剪切模型为双线性，认为结构面达到临界应力 σ_T 时才发生破坏。实际结构面微凸体分布不均匀，应力分布也不均匀，当法向荷载增加时一部分微凸体会逐渐累积破坏并不是达到某一临界应力才突然破坏。因而实际剪切曲线大多具有曲线特征，Jager[121] 用负指数关系描述了剪切强度随正应力变化的关系：

$$\tau = c(1 - e^{-b\sigma_n}) + \sigma_n \tan\varphi_r \qquad (1\text{-}77)$$

然而 Jager 指数剪切公式仅仅是对 Patton 剪切公式光滑处理，没有本质的区别。

1.2.4.3　Ladanyi 和 Archambault 公式

Ladanyi 和 Archambault[122] 从剪切机理出发推导出了一个峰值剪切强度公式，使剪切强度与法向应力曲线较为光滑。

$$\tau = \frac{\sigma(1 - a_s)(\dot{V} + \tan\varphi_b) + a_s\tau_r}{1 - (1 - a_s)\dot{V}\tan\varphi_b} \qquad (1\text{-}78)$$

式中　a_s——剪断凸起面积占结构面总面积的比值；

　　　$\dot{V}$——峰值剪应力下的剪胀率；

　　　τ_r——结构面壁剪切强度；

　　　φ_b——可用平直结构面在低法向应力下的试验结果求得，L 与 K 为试验待定系数。

式中：

$$\tan\varphi_b = \frac{\dfrac{\tau}{\sigma} - \dot{V}}{1 + \dot{V}\dfrac{\tau}{\sigma}} \tag{1-79}$$

$$a_s = 1 - \left(1 - \frac{\sigma}{\sigma_c}\right)^L \tag{1-80}$$

$$V = \left(1 - \frac{\sigma}{\sigma_c}\right)^K \tan i \tag{1-81}$$

岩壁剪切强度：

$$\tau_r = \frac{\sqrt{1+n} - 1}{n}\left(1 + n\frac{\sigma}{\sigma_c}\right)^{0.5} \tag{1-82}$$

Hoek 曾建议，对于大多坚硬岩石 $n = 10$。

当 $a_s = 0$ 时，公式变为 Patton 公式；当 $a_s = 1$，公式变为完整岩石的剪切强度公式，因此该模型是介于 Patton 公式与完整岩石剪切公式之间的一条曲线。

1.2.4.4　Schneider 公式

Schneider[123] 通过对结构面剪切试验研究，得到了考虑剪胀角衰减规律的结构面峰值抗剪强度经验模型。

$$i = i_{p0}e^{-k\sigma_n} \tag{1-83}$$

式中　k——经验系数，与岩石种类和岩石形貌粗糙度有关。

1.2.4.5　Jing 公式

Jing[124] 提出：

$$i = i_{p0}\left(1 - \frac{\sigma_n}{\sigma_c}\right)^k \tag{1-84}$$

式中　k——模型经验系数，与岩石种类和岩石形貌粗糙度有关。

Schneider、Jing 公式两者分别用负指数函数与双曲线函数表示出峰值膨胀角与正应力之间的关系。但研究表明 Schneider、Jing 公式计算结果与试验结果存在较大偏差。

1.2.4.6　Maksimović公式

Maksimović[125] 对 Patton 模型进行改进，提出了半经验半理论模型。

$$\tau = \sigma_n \tan\left[\varphi_b + \frac{\Delta\varphi}{1 + (\sigma_n/p_N)}\right] \tag{1-85}$$

式中，$\Delta\varphi$ 为粗糙度角，与初始剪胀角相等；p_N 为中值角压力，即剪胀角为 $0.5\Delta\varphi$ 时的法向应力。该式显示膨胀角从峰值膨胀角开始随着正应力增大而减小，物理意义明确、形式简洁，适用应力范围较广。但 Maksimović公式中 $\Delta\varphi$ 须通过确定试验三个数据点后再基于最小二乘法拟合得到，因此不便直接使用该公式来判断结构面剪切强度。仍需借助一部分试验数据限制了该公式的使用，如何合理确定初始膨胀角是本公式使用性提高的关键。

1.2.4.7 Barton 公式

Barton 等[39,63,64] 通过大量天然岩石结构面直剪试验和对野外结构面形态的考察，总结得到 JRC-JCS 峰值抗剪强度经验模型（见式 1-86）。对于在低法向与中法向应力情况，上式可得到良好的精度效果，但对于高法向应力情况运用上述公式所得误差较大。研究发现，在 Barton 公式基础上以三向应力状态下的应力差取代岩石结构面壁单轴抗压强度 JCS 也可达到良好的效果。

$$\tau = \sigma_n \tan\left[\varphi_b + JRC\lg\left(\frac{\sigma_1 - \sigma_3}{\sigma_c}\right)\right] \tag{1-86}$$

1.2.4.8 考虑起伏度与粗糙度的剪切公式

曹平[126] 认为天然岩石结构面包含起伏度分量与粗糙度分量，其中 JRC 可描述粗糙度，形貌线平均角的加权平均值 θ_m 可表征起伏度。在 Barton 经验剪切公式基础上提出考虑起伏形态与粗糙度两个因素的剪切公式：

$$\tau = \sigma_n \tan\left[\varphi_b + JRC\lg\left(\frac{JCS}{\sigma_n}\right) + \theta_m\right] \tag{1-87}$$

式中：

$$\theta_m = \arctan\left(\frac{1}{N_x^j - 1}\frac{1}{M_x}\sum_{i=1}^{N_x^j-1}\left|\frac{z_{i+1} - z_i}{\mathrm{V}x}\right|\right) \tag{1-88}$$

式中，j 为轮廓编号；N_x^j 为第 j 条轮廓线沿 x 方向总测点数；M_x 为沿 x 方向形貌线总数。

1.2.4.9 Kulatilake 剪切公式

Kulatilake 等[127] 采用分形维数描述了结构面形貌的粗糙度，提出了可反映剪切强度各向异性的结构面峰值抗剪强度公式。

$$\tau = \sigma_n \tan\left[\varphi_b + a(SRP)^c\left[\lg\left(\frac{\sigma_i}{\sigma_n}\right)\right]^d + I\right] \tag{1-89}$$

式中，SRP 为粗糙度系数；I 为与结构面倾角有关的参数；a、b、c 为相关系数；σ_i 为结构面抗压强度。

1.2.4.10 Jeong 剪切公式

Jeong[128] 在 Kulatilake 模型基础上提出了改进的结构面剪切公式：

$$\frac{\tau}{\sigma_i} = a_s\frac{\tau_r}{\sigma_i} + \frac{\sigma_n}{\sigma_i}(1 - a_s)\tan\left[\varphi_b + (1600D^{5.63}A^{0.88} + 1.8I_{eff})^c\lg\left(\frac{\sigma_i}{\sigma_n}\right)\right] \tag{1-90}$$

式中，τ_r 为完整岩石的剪切强度；σ_i 为结构面抗压强度；D 与 A 均为分形维数；a_s 为微凸体剪断率；I_{eff} 为与结构面倾角有关的参数。

1.2.4.11 Grasselli 剪切公式

Grasselli 等[98-99] 将岩石结构面等效为连续的三角形单元，并研究了三角形参数与剪切有效面积的关系，提出了新的三维粗糙度指标，并在此指标基础上提出了结构面剪切强度公式：

$$\tau = \left[1 + \exp\left(-\frac{1}{9A_0} \cdot \frac{\theta_{\max}^*}{C} \cdot \frac{\sigma_n}{\sigma_t}\right)\right]\sigma_n \tan\left[\varphi_b + \left(\frac{\theta_{\max}^*}{C}\right)^{1.18\cos\beta}\right] \quad (1\text{-}91)$$

式中，$\theta_{\max}^*$ 为最大有效倾角；A_0 为最大接触面积比；C 为有效倾角分布相关参数；β 为片状结构面倾角。然而 Grasselli 模型较为复杂，且不能体现三维形貌特征与峰值剪胀角的关系。

1.2.4.12　Xia 剪切公式

Xia 等[129] 在 Grasselli 模型基础上提出了符合莫尔 - 库仑摩擦定律的形式的结构面剪切模型：

$$\tau = \sigma_n \tan\left\{\varphi_b + \frac{4A_0\theta_{\max}^*}{C+1}\left[1 + \exp\left(-\frac{1}{9A_0} \cdot \frac{\theta_{\max}^*}{C+1} \cdot \frac{\sigma_n}{\sigma_t}\right)\right]\right\} \quad (1\text{-}92)$$

但是计算公式中剪胀角量纲和基本摩擦角量纲不一致。

1.2.4.13　其他在 $\theta_{\max}^*$ 和 C 指标基础上提出的公式

（1）周辉[130] 基于三维扫描与三维雕刻技术复制出形貌面相同的岩石结构面，在复制的结构面基础上进行了不同法向应力的结构面剪切试验。基于三维指标 $\theta_{\max}^*$ 和 C 提出了岩石结构面剪切强度公式。

$$\tau = \sigma_n \tan\left[\varphi_b + \theta_{\max}K^{\left(\frac{\sigma_n}{\sigma_c}\right)}\right] \quad (1\text{-}93)$$

其中 K 为爬坡角弱化系数：

$$K = \frac{1}{\theta_{\max}}\left\{\arctan\left[\tan(\varphi_b) + \frac{c}{\sigma_n}\right] - \varphi_b\right\} \quad (1\text{-}94)$$

该公式只需要知道岩石的基本力学性质与三维结构面形貌面数据就可得到结构面剪切强度。

（2）唐志成[131] 采样水泥砂浆复制结构面进行了常法向应力下的剪切试验，分析了粗糙度、法向应力对剪切强度的影响。提出了含三维形貌参数的剪切强度准则。

$$\tau = \sigma_n \tan\left[\varphi_b + \frac{10A_0\theta_{\max}^*}{C+1}\frac{(\sigma_t/\sigma_n)}{1+(\sigma_t/\sigma_n)}\right] \quad (1\text{-}95)$$

（3）唐志成[132] 通过研究三组结构面粗糙度，分析了粗糙度与采样间距之间的关系，并进行了常法向应力下的剪切试验，提出了含三维形貌参数与采样间距系数的剪切强度准则。

$$\tau = \sigma_n \tan\left\{\varphi_b + \frac{1.4l^{0.1}A_0\theta_{\max}^*}{C+1}\left[1 + \exp\left(-\frac{1}{9A_0} \cdot \frac{\theta_{\max}^*}{C+1} \cdot \frac{\sigma_n}{\sigma_t}\right)\right]\right\} \quad (1\text{-}96)$$

（4）杨洁[133] 提出了含三维形貌参数的剪切强度准则。

$$\tau = \sigma_n \tan\left[\varphi_b + \frac{\theta_{\max}^*}{C^{0.45}} e^{\frac{\sigma_n}{\sigma_c}C^{0.45}}\right] \tag{1-97}$$

该模型中 $\dfrac{\theta_{\max}^*}{C^{0.45}}$ 为初始膨胀角,与结构面形貌面粗糙度有关; $e^{\frac{\sigma_n}{\sigma_c}C^{0.45}}$ 部分描述

了结构面峰值膨胀角与初始膨胀角的关系。然而 $\theta_{\max}^*$ 和 C 指标本身具有一定程度上的不足,因此基于这些指标提出的剪切公式也有待改进。

1.2.4.14 唐志成提出的剪切公式:

除了采用 $\theta_{\max}^*$ 和 C 粗糙度指标之外,唐志成还提出了基于其他三维粗糙度指标的结构面剪切公式:

(1)

$$\tau = \sigma_n \tan\left[\varphi_b + \frac{2\theta_{3s}}{\left(A_0 + \frac{2}{3}\frac{\sigma_n}{\sigma_t}\right)}\right] \tag{1-98}$$

$$\theta_{3s} = \frac{\sum\limits_{i=1}^{m} A_{\theta_k^*}\theta_k^*}{A_0}$$

$$\theta_k^* = \arctan(\tan\alpha_k \cdot \cos\beta_k)^{[134]}$$

(2)

$$\tau = \sigma_n \tan\left[\varphi_b + i_{p0}\frac{(\sigma_t/\sigma_n)}{a(Z_2)^b + (\sigma_t/\sigma_n)}\right]^{[135]} \tag{1-99}$$

(3)

$$\tau = \sigma_n \tan\left[\varphi_b + i_{p0}\frac{(\sigma_t/\sigma_n)}{f(\sigma_t/\sigma_n) + (\sigma_t/\sigma_n)}\right]^{[136]} \tag{1-100}$$

1.2.4.15 孙辅庭提出的剪切公式

孙辅庭[110]在新的三维粗糙度指标基础上提出:

$$\tau = \sigma_n \tan\left[\varphi_b + \frac{1+4\alpha}{\sqrt{D_{SRA}-1}} eA_{SRA}\left(1 + \frac{\alpha D_{SRA}\sigma_n}{\sigma_n - \sigma_c}\right)\right] \tag{1-101}$$

新的峰值剪切强度公式物理意义明确,虽形式复杂但在一定程度上可退化为简单形式,例如 α 为 0 公式退化为 Patton 公式。

1.2.4.16 陈世江提出的剪切公式

陈世江[137]基于多重分维参数提出了剪切强度的定量表达方法:

$$\tau = \sigma_n \tan[\varphi_b + 33.742VD(q)\lg(JCS/\sigma_n)] \tag{1-102a}$$

$$\tau = \sigma_n \tan[\varphi_b + 32.713Va(q)\lg(JCS)/\sigma_n] \tag{1-102b}$$

陈世江[138]提出可通过起伏角参数与起伏度参数定量化 JRC,并提出了能表征剪切异性的结构面剪切强度公式:

$$\tau = \sigma_n \tan[[\varphi_b + 10.725\ln((A)^a (SRV)^{1-a}) + 42.202]\lg(JCS/\sigma_n)]$$

$$(1\text{-}103)$$

1.2.4.17 张洪林提出的剪切公式

张洪林[139] 采用回弹试验并结合摄影测量方法，提出了可方便应用的结构面剪切公式：

$$\tau = \sigma_n \tan[0.414N + 9.273 + (6.41 + 2.45SF)\lg(R_n/\sigma_n)] \qquad (1\text{-}104)$$

式中，N 为结构面回弹数；R_n 为结构面壁单轴抗压强度；SF 为结构函数。

1.2.4.18 考虑耦合度的剪切公式

Barton 结构面剪切模型不能反映结构面不吻合度对结构面剪切强度的影响，所以该模型经常过高的估计天然结构面的剪切强度。Zhao[140] 在 Barton 结构面剪切模型的基础上提出了考虑结构面吻合系数的 JRC-JMC 模型。

$$\tau = \sigma_n \tan\left[\varphi_b + JMC \cdot JRC\lg\left(\frac{\sigma_1 - \sigma_3}{\sigma_c}\right)\right] \qquad (1\text{-}105)$$

对于新生结构面，裂面通常吻合度较好，JMC 介于 0.85 到 0.95 之间。而天然结构面受腐蚀风化作用影响，JMC 通常介于 0.5 到 0.8 之间。

1.2.4.19 考虑不同接触状态的剪切公式

唐志成[141] 以上下结构面错开量作为描述不同接触状态的参数研究了不同接触状态结构面剪切强度，在偶合结构面峰值剪切强度准则的基础上提出不同接触状态结构面的峰值剪切强度准则。

$$\tau = \frac{1}{1 + [2A_0\theta_{\max}^*/C + 1]\frac{\sigma_n}{\sigma_t}K}\sigma_n \tan\left\{\varphi_b + \frac{4A_0\theta_{\max}^*}{C+1}\left[1 + \exp\left(-\frac{1}{9A_0} \cdot \frac{\theta_{\max}^*}{C+1} \cdot \frac{\sigma_n}{\sigma_t}\right)\right]\right\}$$

$$(1\text{-}106)$$

式中，K 为归一化后的错移量。

然而唐志成对于不同接触状态描述的方法只是粗略的采用错开位移来表示，并未定量精确的表示空腔的分布。桂洋[142] 首先利用三维测量系统对闭合结构面的上下面进行扫描确定形貌坐标，然后再利用标志点将上下结构面分别对齐到不耦合时的初始状态，最终通过上下结构面坐标差值确定初始空腔数据。

1.2.4.20 考虑不同材料岩壁的剪切公式

宋磊博[143] 研究了软硬岩结构面接触的结构面剪切强度公式，为表征不同强度的结构面壁组合方式，定义结构面的壁面强度系数为：

$$\lambda_{\sigma_c} = \sigma_{c\text{-}hard}/\sigma_{c\text{-}soft} \qquad (1\text{-}107)$$

采用三种结构面壁组合方式进行了结构面剪切试验，研究发现剪切强度随着壁面强度系数的增大而减小，而剪胀程度却随着壁面强度系数的增大而增大，进而提出了考虑面壁强度修正系数的适用于不同面壁类型的峰值抗剪剪切公式。

$$\tau = \sigma_n \tan\left[\varphi_b + JRC\lg\left(\frac{JCS_{低}(a\lambda_{\sigma_c}^b + (1-a))}{\sigma_n}\right)\right] \tag{1-108}$$

式中，a、b 为修正系数。

1.2.4.21 考虑不同剪切速率的剪切公式

李海波[144] 进行了不同剪切速率下（0.02，0.10，0.40 和 0.80 mm/s）的结构面剪切试验，基于试验的结果提出考虑不同剪切速率的岩石结构面峰值强度模型。

$$\tau = \sigma_n \tan(\varphi_b + 7.52\alpha^{0.37})v^{-0.032} \tag{1-109}$$

式中，α 为结构面角度；v 为剪切速率。

郑博文[145] 认为在速率范围在 0～0.8mm/s 的结构面剪切试验中，速率改变结构面剪切强度的原因是改变其基本摩擦角。在 Dieterich 滑动摩擦系数公式基础上提出考虑速率影响的结构面剪切强度公式：

$$\left.\begin{aligned} \varphi_v &= \arctan\frac{\tau}{\sigma} - JRC\frac{JCS}{\sigma} \\ \varphi_y &= \varphi_b + A\log\frac{1}{V} \end{aligned}\right\} \tag{1-110}$$

式中，φ_v 为速率相关的摩擦角。

王刚[146] 研究了具有 4 组不同粗糙度的岩石结构面在不同剪切速率（0.6mm/min、1.2mm/min、6mm/min、12mm/min 和 24mm/min）情况下的结构面剪切强度。研究发现对于同一粗糙度结构面，其剪切强度随着剪切速率的增加而减小；对于同一速率的剪切试验，其剪切强度随着粗糙度的增加而增加。基于试验结果与 Barton 模型，提出了考虑剪切速率的粗糙结构面剪切强度模型。

$$\tau = 0.982\sigma_n \tan\left[\varphi_b + (JRC \cdot C_0)^{0.475}\lg\left(\frac{JCS_{低}}{\sigma_n}\right)\right] \cdot v^{-0.06} \tag{1-111}$$

通过试验验证并且与 Barton 公式对比，发现新公式能够反映剪切速率对强度的影响并且其计算误差小于 Barton 模型。

1.2.4.22 考虑水泥填充的剪切公式

孙辅庭[110] 研究了充填水泥结构面的峰值剪切强度。通过理论分析推导得出规则结构面下的充填水泥浆结构面峰值剪切剪切强度为：

$$\tau = \sigma_n \tan(\varphi_b + i) + \frac{cl_1}{l_0(\cos i - \sin i \tan\varphi_b)} \tag{1-112}$$

式中，l_0 为名义结构面长度，l_1 为爬坡结构面长度。

对于非规则填充结构面：

$$\left.\begin{aligned} \tau &= \sigma_n \tan(\varphi_b + i) + \frac{cl_1}{l_0(\cos i - \sin i \tan\varphi_b)} \\ i &= \frac{1+4\alpha}{\sqrt{D_{SRA}-1}}eA_{SRA}\left(1 + \frac{\alpha D_{SRA}\sigma_n}{\sigma_n - \sigma_{cd}}\right) \end{aligned}\right\} \tag{1-113}$$

$$\sigma_c(\lambda) = \begin{cases} \sigma_c^R \left[1 - \left(\dfrac{\lambda}{\lambda_c} \right)^n \right] + \sigma_c^* \left(\dfrac{\lambda}{\lambda_c} \right)^n \\ \sigma_c^* \end{cases} \tag{1-114}$$

$$\sigma_c^* = \frac{2\sigma_c^R}{\sigma_c^R / \sigma_c^C + 1} \tag{1-115}$$

式中，σ_c^* 为等效结构面岩壁抗压强度；σ_c^R 为结构面岩壁抗压强度；σ_c^C 为水泥试块单轴抗压强度；$\sigma_c(\lambda)$ 为填充度为 λ 时的等效抗压强度；λ_c 为临界填充度；n 为拟合系数。

1.3 研究内容与研究方法

1.3.1 研究内容

本文进行了花岗岩结构面试样的三维形貌测量试验；同一形貌面不同应力边界条件、不同接触状态下的直剪试验。考虑岩石结构面的几何特征与结构面剪切强度的关系提出了新的三维粗糙度指标，在新的粗糙度指标基础上分析了岩石结构面粗糙度采样间距效应、尺寸效应以及各向异性效应。基于试验结果与新的粗糙度指标建立了岩石结构面峰值剪切强度模型。以赫兹理论为基础考虑了微凸体在剪切过程中曲率的变化，建立了结构面剪切刚度模型。以试验与理论分析为基础，建立了结构面峰值位移模型。本文系统开展了试验研究、模型构建、理论分析。主要研究内容如下：

1. 新的岩石结构面三维粗糙度指标研究

采用巴西劈裂试验获取了花岗岩劈裂结构面，通过三维扫描技术获取了结构面形态的高精度点云。将结构面微凸体等效为长方体微凸体，研究了不同几何参数微凸体对剪切强度的影响。微凸体剪胀破坏与剪断破坏两种不同模式对剪切强度影响不同，在此理论基础下提出了具有分维特征的三维粗糙度指标系统。该指标系统可通过等效高差反映微凸体对强度的影响，可以描述剪切方向性，同时克服了采样间距的影响。将三维粗糙度指标退化到二维情况，建立了新粗糙度指标与 JRC 之间的表达式。

2. 粗糙度各向异性效应、采样间距效应、尺寸效应分析

在新粗糙度指标基础上，基于 matlab 数值分析软件，研究了结构面形貌面粗糙度各向异性、粗糙度采样间距效应、粗糙各向异性度的采样间距效应、粗糙度的尺寸效应、粗糙各向异性度的尺寸效应。

3. 结构面剪切试验研究

通过逆向建模得到了自然岩石表面的立体模型，结合 3D 打印技术制作出了

与自然岩石表面一致的 PLA 模具，以 3D 打印获得的底模通过水泥砂浆浇筑了含有自然结构面形貌的相似结构面试样。然后进行了具有 5 组形貌面的 20 个水泥砂浆结构面在 4 种不同法向荷载情况下的结构面剪切试验，得到了结构面剪切位移-荷载曲线。研究了结构面峰值抗剪强度、峰值位移、剪切刚度影响因素。分析了结构面磨损情况与形貌等效高差分布并进行了对比。最后，进行了含有不同空腔率的结构面剪切试验，分析了含空腔率结构面剪切位移-荷载曲线的特征以及影响结构面峰值抗剪强度的因素。

4. 结构面峰值抗剪强度研究

结合结构面剪切试验结果与理论分析，探讨了影响结构面峰值抗剪强度的影响因素并对这些因素影响结构面峰值抗剪强度的机理进行了分析。在理论分析与试验结果的基础上验证了粗糙度指标对结构面峰值抗剪强度有明显的影响，提出一个描述峰值膨胀角随法向应力变化的函数，将新的粗糙度指标与峰值膨胀角结合提出了具有新粗糙度指标的结构面峰值抗剪强度模型，基于新模型与 Barton 公式计算了结构面峰值抗剪强度。针对含空腔结构面的峰值抗剪强度，在耦合结构面峰值抗剪强度的基础上考虑空腔率的存在对结构面强度的降低，得到含有空腔率的结构面峰值抗剪模型。含空腔结构面剪切强度计算模型仅仅是在耦合结构面计算模型上多考虑了空腔率的影响并通过拟合试验数据得到的经验关系，然而该经验公式没有揭示结构面空腔是如何影响结构面峰值抗剪强度的物理机理。通过定量分析试验结果得到空腔率影响结构面峰值抗剪强度实质是由于空腔率影响了结构面粗糙度。利用耦合结构面峰值抗剪模型也可以较为精确地计算含有空腔结构面的峰值抗剪强度。

5. 结构面剪切变形研究

在经典赫兹接触理论与 GW 模型基础上考虑微凸体磨损，提出了考虑微凸体曲率半径变化的 GW 改进模型。探讨了单个微凸体在法向压力与切向摩擦力作用下的屈服点位置，推导出了单个微凸体所能承受的临界压力公式。在以上分析的基础上提出了结构面峰值抗剪刚度模型。抓住法向应力与结构面粗糙度主要因素，考虑结构面粗糙度与法向应力的影响，基于试验结果与回归分析提出了适用于自然岩石结构面的峰值位移经验公式。

1.3.2 研究方法及技术路线

本文采用室内巴西劈裂试验结合三维激光扫描技术，进行了岩体结构面粗糙度特征研究。在定量描述粗糙度指标的基础上，进行了可控结构面形貌的结构面直剪试验研究；采用岩石力学、土力学、弹塑性力学、分形理论、赫兹接触力学原理，结合粗糙度特征，提出了可以反映结构面剪切力学性质的粗糙度指标，分析了粗糙度的采样间距效应、尺寸效应、各向异性。建立了岩石结构面峰值抗剪强度模型与变形模型。技术路线如图 1-5 所示。

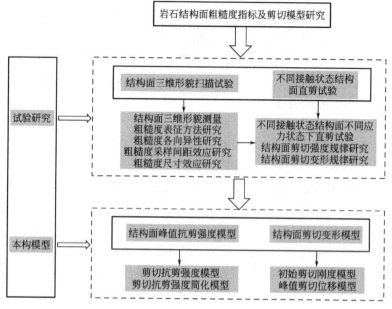

图 1-5　本文研究的技术路线

■第2章■

一种新的表征岩石结构面粗糙度指标系统

结构面形貌粗糙度是影响结构面剪切强度与变形的重要因素，合理的描述粗糙度对于岩体工程的强度以及稳定性研究有重要意义。目前粗糙度指标大多仅仅是基于结构面形貌特点进行分析，并没有探明几何特征如何影响结构面剪切强度，在与结构面剪切力学性质联系方面还有些许不足。本章将结构面微凸体等效为长方体微凸体，研究了不同几何参数微凸体对剪切强度的影响。微凸体剪胀破坏与剪断破坏两种不同模式对剪切强度影响不同，在此理论基础上提出了具有分维特征的三维粗糙度指标系统。该指标系统可通过等效高差反映微凸体对强度的影响，可以描述剪切方向性，同时克服了采样间距的影响。

2.1 结构面的获取与形貌测量

常用的人工劈裂结构面制作方法有巴西劈裂法、压模剪切法、浇筑法、锯开和喷砂处理、数控切割处理等[147]。巴西劈裂法制备岩石结构面是采用测试岩石抗拉强度的巴西劈裂试验拉断试样形成结构面。采用这种方法得到的结构面粗糙不平呈不规则的弯曲状并与自然岩石表面形貌特征很相似，制备过程较为简单。对于有层理结构的结构面，沿层理劈开能够保证结构面的方向较为平直，因此该方法为常用制备结构面的方法。浇筑法是在现场采用液态橡胶将岩石结构面浇筑成具有自然形貌面的模具，然后在试验室采用石膏或水泥等材料浇筑为含有粗糙结构面的复制品。该方法可以较好地反映结构面的表面形态，并且可成批制作结构面。锯开和喷砂处理法是采用金刚砂锯片沿特定方向锯开岩石试样，通过磨光以及喷砂形成不同粗糙度的结构面。直接锯开所得结构面比较平整其粗糙度范围变化较小，并且操作麻烦重复性较差。数控切割处理是采用计算机控制的切割机床雕刻岩石结构面，岩石表面可加工成与预先输入的形貌完全一致的结构面。该技术为研究岩石结构面形貌与结构面剪切力学性质提供了良好的条件，但大批量制作结构面试块价格较为昂贵。

本章所研究岩石结构面是由花岗岩劈裂得到的。首先将花岗岩块体切割得到尺寸为 200mm × 100mm × 100mm 的试样，在长方体试样上选择 200mm × 100mm 的平面并在平面中心沿长轴方向画两条标记线作为劈裂试验加载中心。

为防止劈裂试验完成后结构面分开坠落破坏，试验前可用保鲜膜将试验包围避免结构面形成后两块试样分散。将试块精确放置在加载装置中间，按照操作顺序依次放置承压板、垫片、上下刀刃，为避免荷载偏心刀刃应对齐标记线。加载时，首先通过位移加载方式控制好速率使承压板与试块刚好接触，然后设置加载速率为 0.5mm/min 直到岩石劈裂，最后得到劈裂结构面。试验过程中得到的结构面方向应大致沿标记线并且结构面没有明显的碎屑剥落，否则得到结构面为不合格结构面。试验过程中得到 10 组结构面，选取 5 组结构面形貌做进一步研究，5 组结构面形貌见图 2-1。

图 2-1　劈裂得到的 5 组花岗岩结构面形貌

测量结构面形貌方法可分为接触式与非接触式测量。接触式测量通常指采用触针法来探测结构面形貌[148]。触针法通常采用机械探针来采集结构面点坐标数据，该方法共同的特点是需要一个尖端很小的触针去接触岩石结构面表面。当触针沿结构面表面移动时会随着结构面的峰谷变化而上下移动，触针的平行移动与垂直移动反映了结构面形貌轮廓情况。该方法的优点是可直接反映结构面形貌特征，然而探针在测量时由于接触摩擦易导致触针磨损，因此该方法精度一般较低。其次使用过程中需要定位调整，因而其测量效率也较低。非接触式测量技术可分为电子显微技术、自动调焦技术、激光共焦显微技术、光学显微干涉技术等。电子显微技术原理是依据物质与电子间的相互作用，通过极细光束轰击测试表面产生多种形式的电子，通过一定的技术收集电子信息转化为电信号进行结构面表面结构分析[149]。该技术具有高放倍率、大视场等优点。但电子显微技术对环境要求高，制备复杂，测试种类也有限，且不能提供真实的三维数据。目前仅适用于微观结构损伤观测等。自动对焦技术基于物象共轭关系原理研制[150-151]，该方法可快速方便获取结构面形貌。激光共焦显微技术中光探测器前有个极小的针孔，当物点位于聚焦点时，反射光才会被光探测收集。光学显微干涉扫描技术是基于干涉原理开发的一种测试技术[152]。该技术利用干涉条纹对空间位置变化的敏感性特点可实现超高精度的测量。此外该技术可将整个面视为分析视场，通过一次扫描就能得到整个结构面的三维信息，具有较高的测试效率。

　　为定量描述岩石结构面粗糙度特征，5组劈裂所得花岗岩结构面扫描试验在武汉大学自制的三维激光扫描仪上进行（图2-2）。三维激光扫描仪是由高精度CCD位移传感器、计算机控制的高精度二维位移工作台、计算机控制系统及数据处理系统组成。结构面形貌经传感器扫描后，由数据采集软件保存并处理。

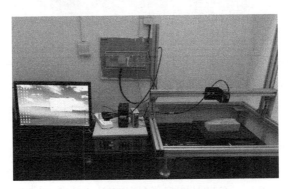

图 2-2　结构面三维形貌扫描系统

　　使用三维激光扫描仪进行结构面形貌测量工作具体步骤如下：（1）将岩石结构面待测样本放置扫描仪承台板上，结构面形貌面向扫描仪激光测头。（2）调整激光扫描仪范围，确保结构面能够完全被测量范围覆盖。（3）设置扫描起始位置，调节试样放置角度，确保起始扫描边缘与扫描路径重合。（4）通过扫描控制系统设置扫描采样间距为0.25mm，采样频率为20kHZ。（5）启动扫描仪开始扫描，数据采集系统自动采集结构面高程坐标信息并保存。试验中结构面由劈裂试验所得，上下结构面吻合较好，因而仅对其中一个面进行扫描。

　　通过上述方法扫描5组结构面得到了结构面形貌几何信息，编制计算机程序将数据转化为点位置坐标形式。将三维数据坐标导入三维数据处理软件绘制出三维结构面形貌图见图 2-3。

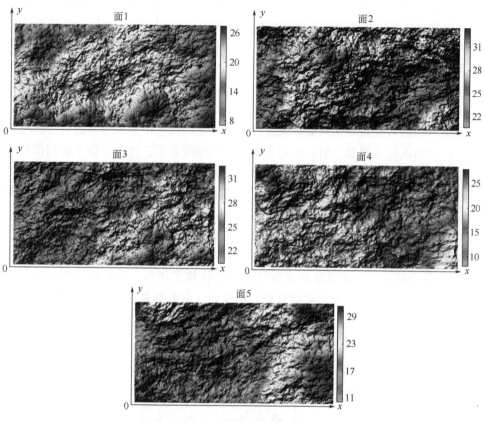

图 2-3　结构面形貌面

5 组结构面沿 x 轴长 200mm，沿 y 轴长 100mm。结构面 1 高度方向最大值为 27.5mm，最小值为 7mm，节点平均值为 21.2mm，均方根为 21.5mm，标准偏差为 3.6mm。由于左上角凹处明显，结构面从左上角到右下角呈正坡度走向。结构面 2 高度方向最大值为 33.4mm，最小值为 20.5mm，平均值 27.3mm，均方根为 27.4mm，标准偏差为 2.3mm。结构面中部凸起，左右两边较低。结构面 3 高度方向最大值 32.6mm，最小值为 20.5mm，平均值 25.8mm，均方根为 25.9mm，标准偏差为 2.6mm。结构面右半部分较高，从左到右呈正坡度走向。结构面 4 高度方向最大值 27.9mm，最小值为 8mm，平均值 18.1mm，均方根为 18.4mm，标准偏差为 3.1mm。结构面左半部分较高，从左到右呈负坡度走向。结构面 5 高度方向最大值 31.2mm，最小值为 10.25mm，平均值 20.4mm，均方根为 20.9mm，标准偏差为 4.7mm。结构面右半部分较高，从左到右呈正坡度走向。由以上分析可知 5 组不同形貌面有各自几何分布特点，不同走向坡度不同。将扫描结构面形貌图与真实结构面形貌对比发现，扫描所得结果与结构面粗糙度起伏一致，能够反映结构面粗糙度特征。

2.2　岩石形貌面粗糙度新指标 AHD

本章提出的描述结构面形貌粗糙度的新指标是在文献［153］基础上将结构面微凸体等效为长方体微凸体来考虑。文献［153］从理论上与试验上研究了长方体微凸体的破坏模式，如图 2-4 所示长方体微凸体高度为 h，长度为 l，几何参数 $m=h/l$，所施加法向荷载为 N，切向荷载为 T。几何参数 m 决定了长方体微凸体的破坏模式，当 $m<m_c$ 时，破坏模式为剪胀破坏，破坏面与水平面夹角为 $\theta=45°-\varphi_f/2$，见图 2-4（a）；当 $m>m_c$ 时，破坏模式为剪断破坏，破坏面为水平面，见图 2-4（b）。

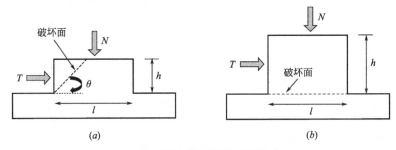

$$(a) \qquad\qquad\qquad\qquad (b)$$

图 2-4　长方体微凸体破坏模式

（a）剪胀破坏；（b）剪断破坏

临界几何参量[153]：

$$m_c=\frac{c+\sigma_n\tan\varphi_f}{2c\tan\left(\frac{\varphi_f}{2}+45°\right)+\sigma_n\tan^2\left(\frac{\varphi_f}{2}+45°\right)} \tag{2-1}$$

式中，σ_n 为微凸体顶部法向应力；c、φ_f 分别表示完整岩石的黏聚力与峰值摩擦角。单个长方体微凸体的剪切强度依赖于破坏模式，由力平衡分析可得[153]：

$$\begin{cases} \tau=2mc\tan\left(\frac{\varphi_f}{2}+45°\right)+m\sigma_n\tan^2\left(\frac{\varphi_f}{2}+45°\right), m<m_c \\ \tau=c+\sigma_n\tan\varphi_f, m>m_c \end{cases} \tag{2-2}$$

由式（2-2）可知，对于确定材料的岩石微凸体，当 m 小于临界几何参数时，剪切强度随着 m 增加线性增加，达到临界几何参数后保持不变。对于文献［153］中当正应力为 1MPa，峰值摩擦角为 $35°$，$m=0.24$ 时，峰值强度随着微凸体高度增大而增大，当微凸体高度大于 lm_c 时，其对强度有贡献的高度为 lm_c，微凸体高度继续增加，强度不变（图 2-5）。

由以上可知 m_c 决定了微凸体破坏模式以及剪断破坏微凸体对剪切强度的贡献高度。岩石材料在低应力情况下 m_c 变化不大[153]，这个应力范围也是唐志成等[27-31] 试验的应力范围，可代表大多数试验与工程状况。因此近似计算 m_c 时可取正应力为 0 带入式（2-1），则：

$$m_c = \frac{1}{2\tan(\varphi_f/2 + 45°)} \quad (2-3)$$

可知 m_c 仅与峰值内摩擦角关系较大。

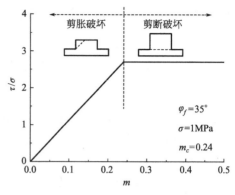

图 2-5 归一化剪切强度与
几何参数之间的关系

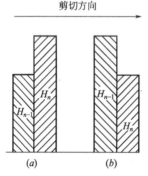

图 2-6 长方体微凸体两种排列模式

将岩石形貌以 l 为间距微元化，每一个小单元可等效为长方体微凸体。确定了结构面微元网格密度后，合理确定长方体微凸体的计算高度就可以在理论上预测结构面的剪切强度。为确定每一个长方体的计算高度，通过两种典型微凸体排列情况来说明计算高度确定方法。

图 2-6 为形貌局部长方体微凸体排列示意图，剪切方向为从左到右。当沿剪切方向微凸体高度递增时（图 2-6a）可认为相对凸出来部分为贡献高度，那么规定第 n 个微凸体的计算高度 $h_n = H_n - H_{n-1}$。当微凸体高度沿剪切方向降低时，如图 2-6（b）所示，$H_n < H_{n-1}$，考虑到 H_n 被 H_{n-1} 保护，那么认为第 n 个长方体微凸体计算高度为 0，即 $h_n = 0$。因此可取第 n 个微凸体计算高度：

$$h_n = \max[(H_n - H_{n-1}), 0] \quad (2-4)$$

当计算高度小于等于 0 时，微凸体不发生破坏；当计算高度大于 0，微凸体发生破坏。此时仅是考虑沿剪切方向高差为正值的微凸体对强度有贡献。然而微凸体破坏方式有两种，不同种破坏情况下高差对强度的贡献不同。由图 2-5 可知当微凸体发生剪胀破坏时，微凸体计算高度为 $0 < lm <$ lm_c；微凸体剪切强度与计算高度 lm 呈正比；当发生剪断破坏时，微凸体计算高度大于等于 lm_c，此时的微凸体剪切强度与 lm_c 呈正比。因此可提出等效高差的概念，其定义为对强度有贡献的高差，可以区分微凸体破坏与否、破坏形式，并且当宽度一定时，同种材料的微凸体剪切强度与等效高差成正比，则等效高差 h_n^* 为：

$$h_n^* = \min\{\max[(H_n - H_{n-1}), 0], lm_c\} \tag{2-5}$$

将图2-3中5组结构面形貌以1mm为间距微元化，按照式（2-5）得到四个方向的等效高差分布。结构面剪切方向规定及其四个方向等效高差分布见图2-7。

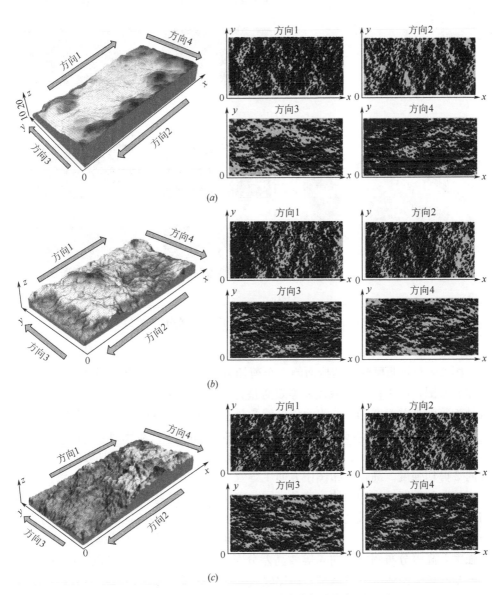

图2-7　结构面不同剪切方向的等效高差分布（一）

（a）结构面1；（b）结构面2；（c）结构面3；

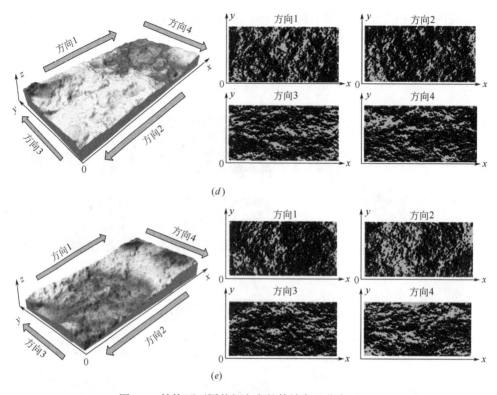

图 2-7 结构面不同剪切方向的等效高差分布（二）

（d）结构面 4；（e）结构面 5

图 2-7 左侧图反映了结构面的 4 个剪切方向以及起伏特点。图 2-7 右侧图为高差分布图，图中白色区域代表等效高差为 0，表示该区域微凸体未破坏；黑色区域为等效高差为 $0-m_c$，表示该区域微凸发生剪胀破坏；蓝色区域等效高差为 m_c，表示该区域微凸体发生剪断破坏。对于结构面 1 中，对比剪切方向 1 与方向 2，由于结构面沿 x 轴方向总体趋势为正坡度，可推测沿方向 1 剪切强度大于沿方向 2 剪切强度。高差分布图中方向 1 等效高差分布显示破坏微凸体（黑色与蓝色区域）与剪断破坏微凸体（蓝色区域）占比较大，这些区域较大会使结构面剪切强度较大。可见等效高差的分布特征与剪切强度的大小特征吻合。对比方向 3 与方向 4，由于结构面沿 y 轴坡度为负，表现为沿剪切方向 4 的强度大于方向 3 的强度。高差分布图中方向 4 等效高差分布显示破坏微凸体（黑色与蓝色区域）与剪断破坏微凸体（蓝色区域）占比较大，这些区域较大会使结构面剪切强度较大。可见等效高差的分布特征也与强度的大小特征吻合。同一位置微凸体在不同剪切方向破坏形式不同，对剪切强度的贡献不同，所以导致结构面剪切强度具有方向性。因此不同剪切方向等效高差分布不同反映了结构面剪切方向性。同理，

对于结构面 2、3、4、5 均具有上述特征。

在得到具有剪切异性、可反映微凸体剪胀作用与剪断作用的等效高差基础上，将微凸体等效高差按长度平均得到可以反映不同破坏方式对强度贡献比例的粗糙度指标：平均等效高差 AHD（The average value of the equivalent height difference）。对于三维形貌面的粗糙度指标 AHD 可按下式计算：

$$AHD = \frac{100 \sum_{j=1}^{N_J} \sum_{i=1}^{N_I} \min\left\{ lm_c, \max\frac{\left[(z_{i,j} - z_{i-1,j}),0\right]}{L_j} \right\}}{N_J} \qquad (2\text{-}6)$$

式中将沿剪切方向数据定义为行数据，垂直于剪切方向为列数据。式中，$z_{i,j}$ 为第 i 行第 j 列网格高度坐标；N_I 为沿剪切方向长方体网格的个数；L_j 为第 j 列沿剪切方向结构面长度；N_J 为垂直于结构面剪切方向的长方体网格个数。由于不同方向等效高差分布不同，指标 AHD 的数值也会不一样。在测量间距为 1mm 时 5 个结构面的四个剪切方向的指标 AHD 见表 2-1，表中方向规定与图 2-7 相同。

采样间距 1mm 时结构面不同剪切方向的 AHD 值   表 2-1

结构面号		1	2	3	4	5
不同方向的 AHD 值	方向 1	8.60	7.81	8.13	6.94	9.56
	方向 2	6.15	6.99	6.26	8.30	6.22
	方向 3	5.78	8.95	6.79	7.85	9.39
	方向 4	10.23	6.87	8.65	8.24	7.18

由表 2-1 可知，粗糙度指标 AHD 可以将结构面形貌客观表示出，同时剪切方向不同时对应的指标 AHD 不同，这就为考虑剪切方向性的岩石结构面剪切强度公式的提出提供可能。最重要的是指标 AHD 考虑了不同高差微凸体对结构面剪切强度贡献不同，具有明确的力学意义。

2.3 具有矢量特征的分形维数 D_{AHD}

采样间距对岩石结构面形貌粗糙度具有重要影响。为研究采样间距对结构面粗糙度指标的影响，本节基于二维形貌线与三维形貌面研究了采样间距与粗糙度指标 AHD 之间的关系。

为研究结构面形貌线特征采样间距效应对粗糙度指标 AHD 的影响，分别对 5 组形貌面在中间长方向提取了不同采样间距的剖面线。为直观地展现出不同采样间距对形貌线的影响，图 2-8 展示了采样间距为 0.5mm 与 2mm 的剖面线形态曲线。其中采样间距为 2mm 的剖面线为所提取纵坐标整体增加 4mm 得到的曲线，该操作目的为区别采样间距为 0.5mm 的剖面线同时可并列对比两条不同采样间距剖面线的特点。由图 2-8 可知，同一位置采样间距为 0.5mm 与 2mm 的剖面线大体特征一致，但却不完全一样，图框中可见采样间距为 0.5mm 的剖面线显示更多的曲线波动细节。采样间距较大的 2mm 剖面线，一些信息会被忽略；采样间距较小的 0.5mm 剖面线可以捕捉到较多的细节信息。

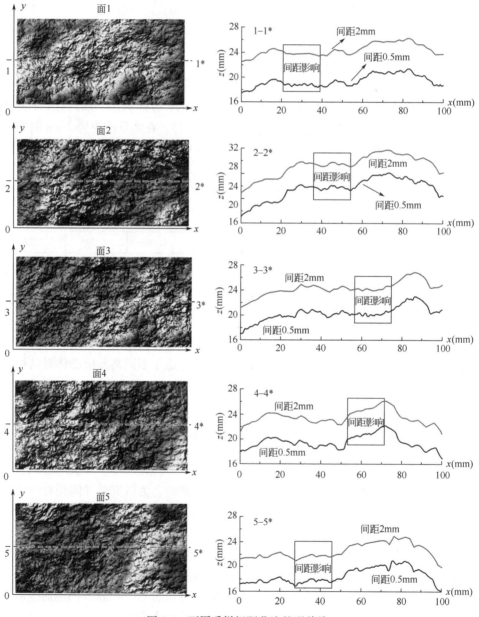

图 2-8　不同采样间距获取的形貌线

天然结构面具有自仿射分形特征，可根据分形理论来研究结构面形貌的粗糙度。谢和平[78] 研究表明以尺度 δ 进行度量的粗糙表面的面积 $A_T(\delta)$ 与测量尺度 δ 存在下列关系：

$$A_T(\delta) = A_{T0}(\delta)\delta^{2-D} \tag{2-7}$$

式中，A_{T0} 为粗糙表面的直观面积；D 为粗糙表面的真实分形维数，D [2，3)。

对其两边取对数，可得到粗糙表面的分形维数 D：

$$D = 2 - \frac{\ln\left(\dfrac{A_T(\delta)}{A_{T0}}\right)}{\ln\delta} = 2 - \beta \tag{2-8}$$

然而以不同尺度的形貌面面积为测量对象不能很好地反映岩石结构面剪切强度。该方法所得分形维数 D 为标量，即分形维数与剪切方向无关，不能反映结构面剪切异性。参考上述方法，对于二维剖面线，在不同测量尺度 δ 下获得剖面线粗糙度指标 AHD (δ)，也可假定其数值与测量尺度 δ 之间存在幂定律的关系，即：

$$AHD(\delta) = AHD_0(\delta)\delta^{1-D_{AHD}} \tag{2-9}$$

对其两边取对数，可得到二维剖面线的分形维数 D：

$$D_{AHD} = 1 - \frac{\ln\left(\dfrac{AHD(\delta)}{AHD_0}\right)}{\ln\delta} = 1 - \beta \tag{2-10}$$

式中，AHD_0 为分形粗糙度，数值为测量尺度为 1 的指标 AHD；D_{AHD} 为分形维数。

如果式（2-10）精确成立，则可根据不同采样间距扫描所得的形貌线获取其分形维数，同时由于不同方向所得粗糙度指标 AHD 不同，那么不同方向所得分形维数也会不同。然而天然岩石表面并非严格的分形面而是具有自仿射性质的形貌面，虽无法精确符合幂律，但是可用几个不同测量尺度下所得指标 AHD，在直角坐标下绘制数据点，采用直线对数据进行最小二乘法拟合可得到其分维值，与纵坐标交点即为分形截距。试验研究表明结构面破坏为"mm"级别[37]，同时大多粗糙度指标采样间距范围为 $0.5\sim2mm$。5 组所提取剖面线在 $0.5\sim2mm$ 范围内的粗糙度指标 AHD_δ 与测量尺度 δ 的关系见图 2-9（其中 1-1 * 为正向计算粗糙度指标 AHD 值，1 * -1 为逆向计算粗糙度指标 AHD 值）。由图 2-9 可知，AHD_δ 与 δ 的对数值呈相关性较高的线性关系，表明形貌面具有分形性质。随着测量尺度 δ 的增加，AHD_δ 在降低。这是由于随着测量尺度的增大，一些细节信息被忽略。

计算所得 5 组形貌线正反两个方向的分维值见表 2-2。

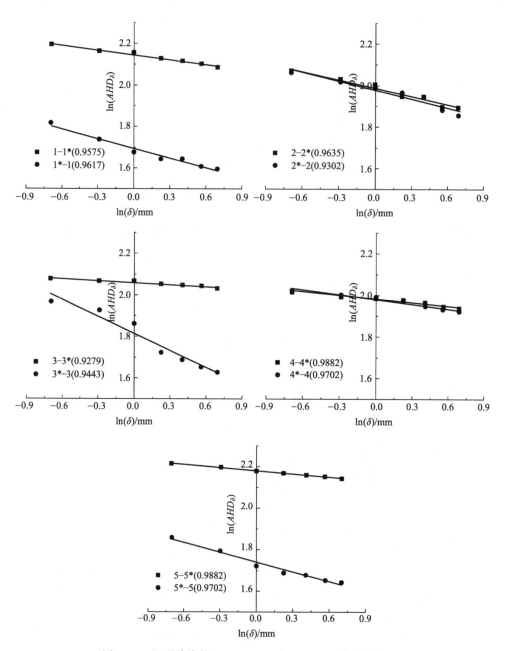

图 2-9 5 组形貌线的 ln（AHD_δ）与 ln（δ）之间的关系图

形貌线 2 个剪切方向的分维值　　　　　　　　　表 2-2

形貌线		1	2	3	4	5
不同方向的 D_{AHD} 值	正向	1.077	1.143	1.032	1.058	1.051
	反向	1.157	1.130	1.271	1.075	1.157

分形维数 D_{AHD} 反映了不同尺度间结构面形貌粗糙度的关系，并且该方法计算所得分形维数值可与结构面剪切方向性联系起来。

上述为二维剖面线粗糙度指标随采样间距变化的特点，然而二维曲线反映结构面信息特征较少，不能全面表示出结构面的粗糙度，具有一定的局限性。为研究采样间距对三维结构面形貌粗糙度指标 AHD 的影响，由于三维测量结构面试验中扫描间距为 0.25mm，本章可研究采样间距为 $0.25n$（n 为大于 1 的整数）的形貌面粗糙度指标与采样间距的关系。对于采样间距大于 0.25mm 的形貌面数据可以利用稀疏点云密度的原理获得，其原理是根据采样间距的要求从原始扫描数据点中挑选出满足相应采样间距要求的点云数据。例如，对于采样间隔为 0.25mm 的原始数据，通过稀疏 50% 即每隔一个数据取点来获得采样间距为 0.5mm 的点云数据。这样可保证采样精度遵循小采样间距向大间距进行稀疏处理，且采样间距为初始扫描间距的整数倍。

为了能够直观地展示出采样间距对形貌面的影响，引用地图表示的分层设色法来显示不同采样间距对结构面三维形貌的影响。图 2-10 显示了 5 组结构面形貌在 0.25mm、1mm、2.5mm 的形貌图，图中 x-$y$mm 为结构面 x 在采样间距为 $y$mm 的形貌图。

由图 2-10 可知随着采样间距变大，结构面一些微小的形貌特征被遗失，结构面逐渐变光滑。参考上述方法，对于三维形貌面，在不同测量尺度 δ 下获得结构面粗糙度指标 AHD（δ），也可假定其数值与测量尺度 δ 之间存在幂定律的关系，即：

$$AHD(\delta) = AHD_0(\delta)\delta^{2-D_{AHD}} \tag{2-11}$$

对其两边取对数，可得到三维粗糙表面的分形维数 D_{AHD}：

$$D_{AHD} = 2 - \frac{\ln\left(\dfrac{AHD(\delta)}{AHD_0}\right)}{\ln\delta} = 2 - \beta \tag{2-12}$$

式中，AHD_0 为三维分形粗糙度，数值为测量尺度为 1 的指标 AHD；D_{AHD} 为分形维数。

如果式（2-11）精确成立，则可根据不同采样间距扫描所得的形貌面获取其分形维数，同时由于不同方向所得粗糙度指标 AHD 不同，那么不同方向所得分形维数也会不同。然而天然岩石结构面形貌并非严格的分形面而是具有自仿射性质的形貌面，虽无法精确符合幂律，但是可用几个不同测量尺度下所得指标 AHD，在直角坐标下绘制数据点，采用直线对数据进行最小二乘法拟合可得到

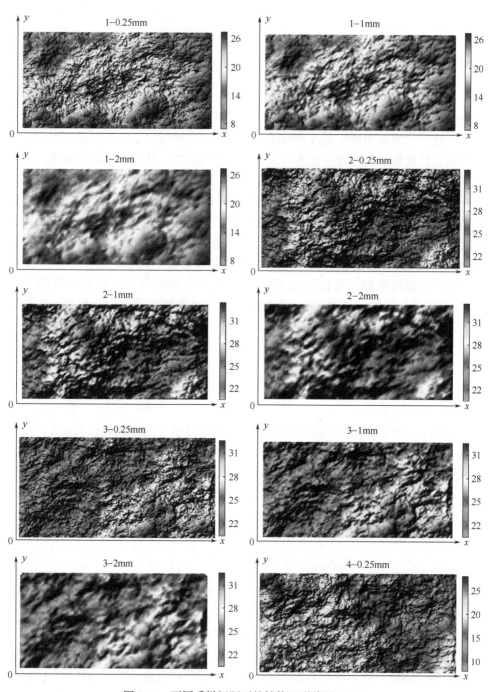

图 2-10　不同采样间距下的结构面形貌图（一）

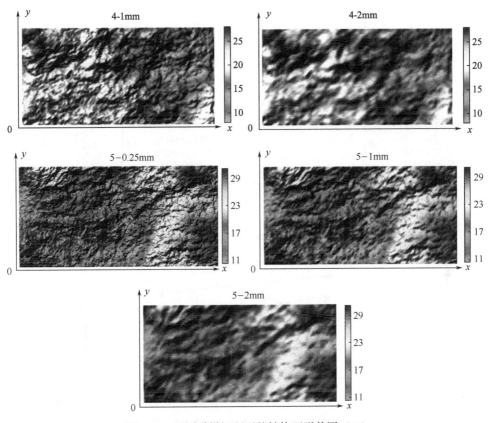

图 2-10 不同采样间距下的结构面形貌图（二）

其分维值，与纵坐标交点即为分形截距。根据三维粗糙度指标的计算方法得到 5 组三维结构面形貌在不同尺度下的粗糙度指标 AHD_δ 与测量尺度 δ 的关系见图 2-11。

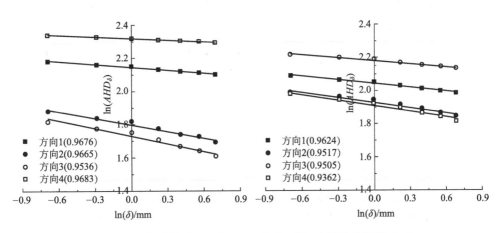

图 2-11 5 组形貌面 $\ln(AHD_\delta)$ 与 $\ln(\delta)$ 之间的关系图（一）

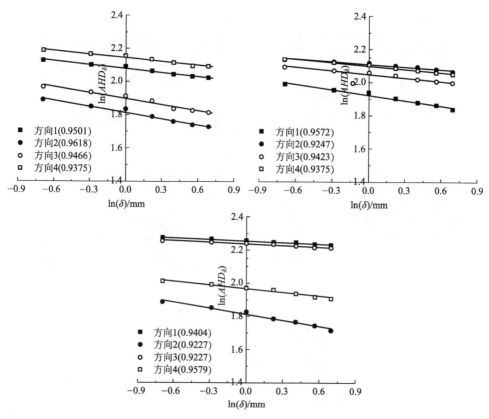

图 2-11 5 组形貌面 ln（AHD_δ）与 ln（δ）之间的关系图（二）

由图 2-11 可知，三维粗糙度指标 AHD_δ 与 δ 的对数值呈相关性较高的线性关系，表明形貌面具有分形性质。随着测量尺度 δ 的增加，AHD_δ 在降低。这是由于随着测量尺度的增大，一些细节信息被忽略。计算所得 5 个形貌面四个方向的分维值见表 2-3。

结构面 4 个剪切方向的分维值 表 2-3

结构面号		1	2	3	4	5
不同方向的 D_{AHD} 值	方向 1	2.059	2.077	2.081	2.110	2.031
	方向 2	2.134	2.103	2.122	2.051	2.124
	方向 3	2.152	2.063	2.121	2.072	2.032
	方向 4	2.036	2.114	2.072	2.066	2.077

以上以二维剖面线与三维结构面形貌为研究对象验证了分形维数 D_{AHD} 反映了不同尺度间形貌面粗糙度的关系，并且该方法计算所得分形维数值可与结构面剪切方向性联系起来。

2.4　新的粗糙度指标系统

上两节讨论了岩石结构面形貌的粗糙度特性：平均等效高差 AHD、AHD_0 与分形维数 D_{AHD}。其中平均等效高差表征了不同破坏形式的微凸体对强度的贡献，可反映岩石结构面的起伏方向性；分形粗糙度 AHD_0 实质为测量尺度为 1mm 的平均等效高差，两者物理意义一致；分形维数表征了不同尺度粗糙度的关系，可从尺度上全面描述结构面信息。结合着两个粗糙度指标 AHD_0 与 D_{AHD}，可提出描述结构面剪切强度特征的粗糙度指标系统，两者指标的具体组合形式可由理论分析结合试验强度得到。

2.5　对于新指标系统的讨论

2.5.1　粗糙度指标的讨论

大多粗糙度指标只是反映结构面形貌的几何信息，而本书确定的粗糙度 AHD 指标与 m_c 有关，m_c 与完整岩石材料的性质有关。这就引发了一个讨论，什么是粗糙度，粗糙度只是跟形貌面几何信息有关吗？在岩石结构面力学中，粗糙度指标的定义都是为岩石结构面剪切强度服务的，因此粗糙度与结构面形貌有关，同时也与材料固有性质有关也是可以理解的。Batton[39] 提出了 10 条标准粗糙度系数曲线（JRC 曲线）用以对比确定结构面粗糙度，在提出 JRC 曲线时不仅给出了曲线形貌特征并且也对其岩石种类进行了描述，可见 JRC 反映的不只是形貌面几何信息，还与结构面材料有关。

JRC 是通过试验反算得到的描述粗糙度的指标，与结构面轮廓有关同时也与岩性有关。这也侧面表明本书提出的粗糙度指标不仅与形貌面几何信息有关还与结构面材料有关的论述是合理的。

2.5.2　粗糙度指标应用时测量范围的讨论

通常在获取岩石结构面形貌坐标数据时采样间距为 0.5～1mm，粗糙度与岩石结构面抗剪强度显示出良好的规律性。本书描述的结构面剪切强度是结构面在慢速时的剪切强度，初步确定加载速率为 0.5mm/min（见第 3 章试验部分），竖向加载应力为 1～3MPa。该加载速率与竖向加载应力也是其他学者研究结构面剪切强度的常用加载条件[129,131,134,154,155]。在此范围内研究发现破坏尺度为 mm 级别[37]，这就说明影响结构面力学性质主要的尺度为"mm"级别。在"mm"级别范围内研究结构面指标 AHD 的分形稳定性，以 0.25mm 为差值从尺度为

0.25mm 到 6mm 计算了结构面粗糙度指标 AHD 的值见图 2-12。

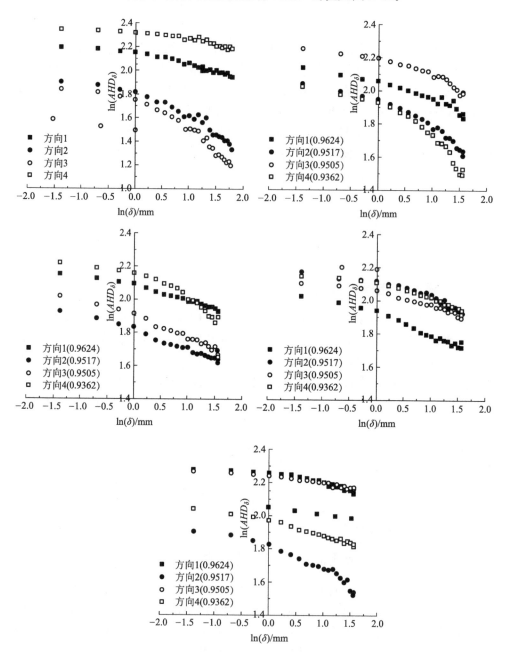

图 2-12 2.5～6mm 内的 $\ln(AHD_\delta)$ -$\ln(\delta)$ 值

研究发现粗糙度指标 $\ln(AHD_\delta)$ 与 $\ln(\delta)$ 在 0.25～3mm 尺度范围内具有较明显的线性特征，表明该范围具有稳定的分形维数。而当测量尺度大于 3mm

时分形维数会发生变化。易成[28] 的研究也发现随着测量尺度的变化分形维数会发生变化，当尺度小到一定程度后分形才会稳定。0.25～3mm 这一尺度也是结构面破坏的尺度，因此可将该范围确定为粗糙度指标系统应用的范围。实际量测过程中可放宽对测量仪器的精度，并且不需要固定的测量尺度，仅需在此范围内测量两组不同尺度的结构面形貌粗糙度指标，通过线性拟合得到分形维数 D_{AHD} 与 AHD_0，这就简化了指标的提取步骤。

2.5.3　粗糙度指标适用情况说明

结构面还分闭合、张开、充填等情形，不同接触状态的结构面对其剪切强度也有不同的影响。同时结构面几何尺寸的大小也会影响其剪切强度。本书所提粗糙度指标主要研究目的是预测耦合结构面的剪切强度，在研究结构面剪切强度前，最基础的研究是如何更为合理的描述粗糙度。针对目前粗糙度指标在与结构面剪切力学性质联系方面还有些许不足。本书将结构面上微凸体等效为长方体微凸体，研究了不同几何参数微凸体对剪切强度的影响。该结构面形貌粗糙度指标的提出属于最基础的工作，下一步工作是研究耦合结构面的剪切特征。在明确耦合结构面的剪切强度情况下会通过提出接触状态参数来进一步考虑闭合、张开、充填等情形对结构面剪切强度的影响，同时也会考虑几何尺寸对剪切强度的影响。

2.6　粗糙度指标在二维剖面线上的应用

2.6.1　获取标准曲线上节点坐标信息

基于图像分割技术可提取标准 JRC 曲线坐标信息。将每条标准 JRC 曲线以图片形式保存，采用 Getdata 软件中区域数字化功能，将网格设置为 0.5mm。确定好 x、y 方向标度就可以得到曲线上间距为 0.5mm 节点的位置坐标。目前提取出节点位置信息是基于印刷版本曲线，在印刷过程中由于排版问题会出现曲线与标尺不在一条直线的情况。通过线性拟合所得节点可以得到拟合直线，检查拟合直线是否与标尺平行。若不平行则需调整曲线使之与标尺平行。然后再求得调整相应角度后曲线的每一点的位置坐标。此时所得曲线上节点的坐标即可代表曲线的信息。

2.6.2　验证所提取坐标准确性

坡度均方根[40]：

$$Z_2 = \sqrt{\frac{1}{L}\int_{x=0}^{x=L}\left(\frac{\mathrm{d}y}{\mathrm{d}x}\right)^2 \mathrm{d}x} = \sqrt{\frac{1}{M(\Delta x)^2}\sum_{i=1}^{M}(y_{i+1}-y_i)^2} \qquad (2\text{-}13)$$

式中，L 为形貌线长度；Δx 为取样间距；M 为取样总数。对于特定曲线采样间距一致时 Z_2 值一定。计算基于 3.1 节所提取标准 JRC 曲线的 Z_2，并将其与 Tse and Cruden[40]、Yang et al.[41]、Yu and Vayssade[36] 的研究结果对比可以判断所提取数据是否真实的反映了形貌线的特征。

由图 2-13 可知，在采样间距为 0.5、1mm 所取数据得出的 Z_2 与已有研究结果基本一致。证明 2.6.1 节提取数据方法可以很好地反映曲线的真实粗糙度，具有一定的可信度。

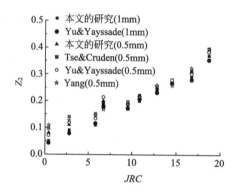

图 2-13　本文试验所得结果与已有试验结果对比

2.6.3　计算二维粗糙度指标 AHD_0

本节以 $JRC=16.7$ 曲线为例，说明粗糙度指标 AHD_0 的计算过程。在采样间距为 1mm 的情况下，结合 2.6.1 与 2.6.2 节内容确定出曲线上节点的坐标。以节点为矩形微凸体顶点中心，宽度为 1mm 画出每一个采样点对应的矩形微凸体（图 2-14 中红色柱状图），微凸体顶点连线近似代表 $JRC=16.7$ 曲线。将曲线局部放大，并对部分微凸体编号（图 2-14 中无填充柱状图）。若局部 1 号微凸体为整条曲线第一个微凸体，假设其计算高度为 0。2 号微凸体由于前面只有一个微凸体，根据式（2-4）计算高度 $h_1 = \max[H_2 - H_1, 0]$。由于 Barton 文中未测量岩石内摩擦角，岩石内摩擦角通常取值范围为 $35°\sim50°$，因此计算时取内摩擦角的平均值为 $42.5°$，其余后面微凸体计算高度均按式（2-4）得出。得到每个微凸体计算高度后，按式（2-5）得到 $JRC=16.7$ 曲线粗糙度指标 AHD_0 值为 6.95。其他标准 JRC 曲线的参数 AHD_0 计算方法类似，所得结果（采样间距 1mm）见表 2-4。

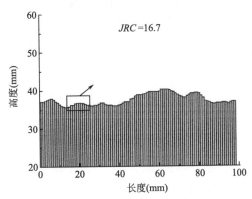

图 2-14　采样间距为 1mm 的 $JRC = 16.7$ 曲线微凸体示意图

注：红色部分为矩形微凸体组成的 $JRC = 16.7$ 曲线，左侧高度轴只对红色区域有效。

采样间距为 1mm 的标准 JRC 曲线的 AHD_0 值　　　　　表 2-4

JRC 曲线	试验反算结果	AHD_0	
		正向分析	反向分析
0-2	0.3	2.01	3.26
2-4	2.8	1.96	2.39
4-6	5.8	3.16	5.31
6-8	6.7	3.88	5.86
8-10	9.5	4.55	3.78
10-12	10.8	4.55	6.14
12-14	12.8	6.32	5.95
14-16	14.5	6.08	7.67
16-18	16.7	6.95	6.71
18-20	18.7	7.52	9.30

表 2-4 中第二列 JRC 的精确值是由试验反算求得。由表 2-4 可知，不同 JRC 曲线对应不同的 AHD_0 值，随着 JRC 值增大，AHD_0 值也在增大。相同的 JRC 曲线，不同方向分析所得 AHD_0 值不同，这就为提出具有方向性的结构面剪切强度公式创造了条件。

2.6.4　计算粗糙度指标 D_{AHD}

根据 2.5.2 节研究内容可知，仅需在采样间距为 0.5～3mm 范围内测量两组不同尺度的形貌线粗糙度指标，通过线性拟合得到分形维数 D_{AHD}。按照上述简化方法获得 10 条标准 JRC 曲线的粗糙度指标见 D_{AHD}。

采样间距为 1mm 的标准 *JRC* 曲线的 D_{AHD} 值　　　　表 2-5

JRC 曲线	试验反算结果	D_{AHD}	
		正向分析	反向分析
0-2	0.3	1.46	1.31
2-4	2.8	1.17	1.22
4-6	5.8	1.34	1.25
6-8	6.7	1.29	1.14
8-10	9.5	1.28	1.32
10-12	10.8	1.09	1.17
12-14	12.8	1.26	1.09
14-16	14.5	1.09	1.16
16-18	16.7	1.22	1.13
18-20	18.7	1.23	1.21

由表 2-5 可知，不同 *JRC* 曲线对应不同的 D_{AHD} 值，随着 *JRC* 值增大，D_{AHD} 值并非单调变化。相同的 *JRC* 曲线，不同方向分析所得 D_{AHD} 值不同，这就为提出具有方向性的结构面剪切强度公式创造条件。

2.6.5 计算粗糙度指标与 *JRC* 之间的关系

以上二维粗糙度指标与三维结构面形貌粗糙度指标具有相同的物理意义及特点，唯一的区别是三维指标能够表征结构面形貌的空间异性，而二维粗糙度指标只能表征结构面剪切的顺逆方向性。

建立的粗糙度指标系统仅仅给出了两个影响因素，并没有指明两个指标的具体组合形式。为建立新的粗糙度指标系统与结构面粗糙度系数 *JRC* 的定量关系，通过回归分析与理论研究最终建立的关系如下（m_c 确定为 0.24）。

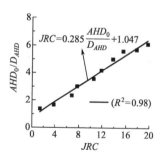

图 2-15　新粗糙度指标与 *JRC* 之间的关系

$$JRC = 0.285 \frac{AHD_0}{D_{AHD}} + 1.047（正向分析）$$

(2-14)

由图 2-15 可知新的粗糙度指标与 10 条 *JRC* 之间有良好的线性关系，表明新指标能够较好地表征结构面粗糙度。式（2-14）中回归分析得出随着 AHD_0 增大结构面起伏增大进而其 *JRC* 值增大；分形维数 D_{AHD} 表征了不同测量尺度下粗糙度指标

AHD 之间的关系，可从不同尺度全面描述结构面信息。研究表明分形维数越大，结构面形貌含有更多的复杂精细的结构，在法向应力存在时尤其是法向应力较大时结构面越容易磨损[88]。由此可推断，在粗糙度指标 AHD_0 一定的情况时，结构面分形维数越大其峰值抗剪强度越小，所以 JRC 越小。以上分析可知通过回归分析得到的公式具有一定的物理意义。

2.7　本章小结

本章基于巴西劈裂试验三维形貌面扫描试验，采用结构面形貌二维剖面线与三维形貌面法，研究了结构面粗糙度，基于试验结果与理论分析得到的主要结论如下：

（1）基于长方体微凸体两种破坏模式对剪切强度贡献不同，提出了等效高差概念来反映微凸体几何参数对剪切强度贡献比例。不同剪切方向的等效高差分布不同反映了剪切强度方向性。

（2）在得到具有剪切异性、可反映微凸体剪胀作用与剪断作用的等效高差基础上，将微凸体等效高差按长度平均得到可以反映不同破坏方式对强度贡献比例的粗糙度指标：平均等效高差 AHD。

（3）天然结构面具有自仿射分形特征，可根据分形理论来研究结构面形貌粗糙度。在不同测量尺度 δ 下获得结构面粗糙度指标 AHD (δ)，其数值与测量尺度 δ 之间存在幂定律的关系。进而获取了其分形维数，同时由于不同方向所得粗糙度指标 AHD 不同，那么不同方向所得分形维数也会不同。分形维数反映了不同尺度间形貌面粗糙度的关系，并且该方法计算所得分形维数值可与结构面剪切方向性联系起来。

（4）提出了基于等效高差的结构面三维粗糙度指标系统，其中平均等效高差表征了不同破坏形式的微凸体对强度的贡献，也可反映结构面的起伏方向性；分形维数表征了不同尺度粗糙度的关系，可从尺度上全面描述结构面粗糙度信息，并且也可表示剪切方向性。

（5）研究发现粗糙度指标 $\ln$ (AHD_δ) 与 $\ln$ (δ) 在 $0.25 \sim 3mm$ 尺度范围内具有较明显的线性特征，表明该范围具有稳定的分形维数。而当测量尺度大于 $3mm$ 时分形维数会发生变化。$0.25 \sim 3mm$ 这一尺度也是结构面破坏的尺度，因此可将该范围确定为粗糙度指标系统应用的范围。实际量测过程中可放宽对测量仪器的精度，并且不需要固定的测量尺度，仅需在此范围内测量两组不同尺度的粗糙度指标，通过线性拟合得到分形维数 D_{AHD} 与 AHD_0，这就简化了指标的提取步骤。

（6）将三维粗糙度指标退化到二维剖面线情况，建立了新粗糙度指标与 JRC 之间的表达式。在粗糙度指标 AHD_0 一定的情况时，结构面分形维数越大其峰值抗剪强度越小，所以 JRC 越小。

第**3**章

粗糙度各向异性、采样间距效应、尺寸效应研究

关于结构面形貌特征的研究中，其各向异性的性质受广泛关注。杜时贵[156] 通过 JRC 指标研究了结构面形貌各向异性规律；Xie[157] 采用分形维数的方法对结构面的各向异性特征进行了描述；陈世江等[158] 采用变异函数参数对结构面的各向异性做了分析；Tatone[159] 利用与有效抵抗角相关的参数对结构面各向异性特征进行了描述。研究取得一致的结论：不同剪切方向上的结构面粗糙度是不一样的，即结构面的粗糙度具有显著的方向性。然而上述研究所选取的指标不能很好地与结构面剪切强度联系起来。另外，很少研究中涉及不同采样间距、不同研究尺寸对各向异性特征参数影响的问题。

目前关于结构面尺寸效应的研究大多集中在粗糙度指标大小与研究尺寸之间关系的研究。如葛云峰[118] 运用改进的 Grasselli 法研究了岩体结构面形貌粗糙度尺寸效应，研究结果表明随着研究尺寸的增大粗糙度指标增大。Tatone[159] 等也得出相似的变化规律，并将粗糙度随着研究尺寸的增大而增大现象称之为正尺寸效应。除正尺寸效应之外，负尺寸效应[160]、无尺寸效应[161] 均有相关报道。笔者认为结构面粗糙度大小与研究尺寸关系不大，这是由于粗糙度主要受某一区域结构面形貌特点的影响，因此研究发现有正尺寸、负尺寸、无尺寸效应情况存在是合理的。上述研究只是分析了结构面某一方向的研究尺寸与粗糙度指标的关系，并没有全面阐述研究尺寸与粗糙度大小及剪切方向三者之间的关系，尺寸效应的方向效应还需进一步探求。

本节在新的粗糙度指标 AHD 的基础上，研究了结构面粗糙度各向异性、粗糙度采样间距效应、粗糙度的尺寸效应。在新的各向异性度指标的基础上，进一步研究了粗糙各向异性度的采样间距效应、粗糙各向异性度的尺寸效应，力求更加全面真实地分析结构面粗糙度特征。

3.1 粗糙度各向异性与采样间距效应

以图 2-3 中 5 组结构面为研究对象，以 y 正轴为 0°方向，x 正轴为 90°方向

顺时针将结构面划分为 360°。从 0°到 360°以 15°为间隔共选取 24 个剪切方向分析结构面粗糙度各向异性特征。运用 matalab 软件编程实现计算过程时可假设剪切方向不变，结构面形貌整体尺寸保持不变，内部形貌点坐标通过旋转一定角度来计算粗糙度指标，计算时以 15°为间隔旋转所得结构面 1 形貌粗糙度计算面见图 3-1。按照粗糙度指标定义并通过坐标旋转计算不同采样间距（采样间距为 0.25~3mm 间隔为 0.25mm）与不同剪切方向情况时的粗糙度指标 AHD，见图 3-2。

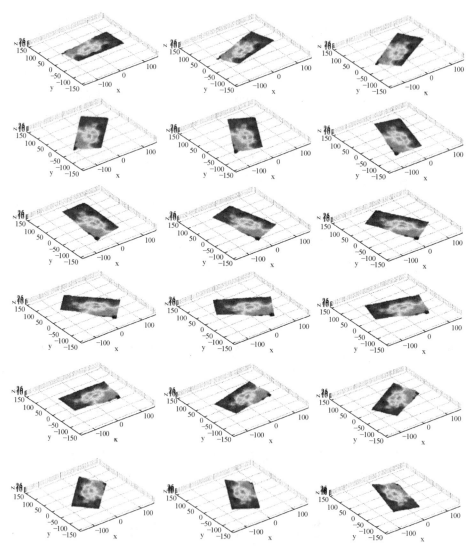

图 3-1　结构面 1 每旋转 15°所得到粗糙度指标计算面（一）

注：从左到右依次为 0°到 345°，间隔为 15°

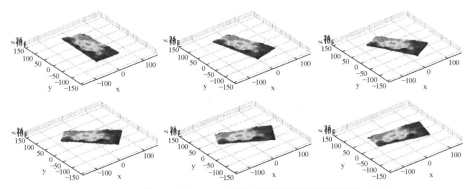

图 3-1　结构面 1 每旋转 15°所得到粗糙度指标计算面（二）

注：从左到右依次为 0°到 345°，间隔为 15°

图 3-2 反映出 5 组结构面粗糙度具有共同的规律：当剪切方向固定时，随着采样间距增大粗糙度指标 AHD 在减小。这是由于随着采样间距变大，结构面一

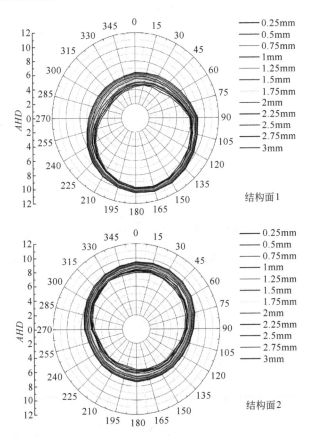

图 3-2　形貌面粗糙度随采样间距与剪切方向变化的雷达图（一）

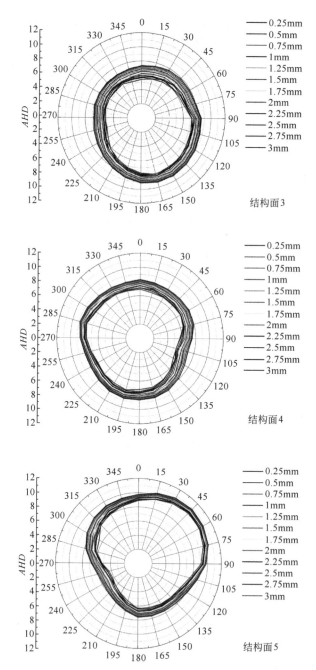

图 3-2　形貌面粗糙度随采样间距与剪切方向变化的雷达图（二）

些微小的形貌特征被遗失，结构面逐渐变光滑。当采样间距固定时粗糙度指标 AHD 随着角度的变化而不同，粗糙度表现出各向异性特点。

　　然而 5 组结构面形貌各自具有本身的特点。对于结构面形貌 1，粗糙度指标表现出各向异性特点，剪切方向位于 135°～210°时曲线具有较大的极坐标数值，表明结构面 1 在此剪切方向范围内粗糙度指标较大；当剪切方向位于 300°～45°时曲线具有较小的极坐标数值，表明结构面 1 在此剪切方向范围内粗糙度指标较小。对于结构面 2，当剪切方向位于 0°～90°时雷达曲线具有较大数值，表明结构面 2 在此剪切方向范围内粗糙度较大；当剪切方向位于 180°～270°时雷达曲线具有较小数值，表明结构面 2 在此剪切方向范围内粗糙度较小。雷达曲线疏密程度显示出在 150°～225°方向粗糙度随着采样间距增大而减小的速度较大，而在 300°～0°范围内粗糙度随着采样间距增大而减小速度较小。这反映出粗糙度指标随采样间距变化而改变的速率依赖于剪切方向。结构面 3 粗糙度较均匀，异向性质较小，粗糙度较大的剪切范围为 90°～210°，粗糙度较小范围为 270°～30°。雷达曲线显示各个方向改变速率较均匀。结构面 4 粗糙度异向性质明显，粗糙度较大的剪切范围为 255°～300°，粗糙度较小范围为 75°～135°。结构面 5 粗糙度异向性质明显，粗糙度较大的剪切范围为 15°～75°，粗糙度较小范围为 195°～285°。

3.2　粗糙各向异性度与采样间距效应

　　5 组结构面形貌具有不同的各向异性度，当粗糙度指标雷达曲线接近于圆形时异性度较小，而当雷达曲线偏离圆形时异性度较大。为定量表征 5 组结构面形貌粗糙度各向异性的程度，同时方便研究不同采样间距下各向异性特征的变化情况，本书考虑了不同剪切方向的粗糙度特点提出了描述结构面粗糙度各向异性程度的指标 A_{AHD}。A_{AHD} 定义见式：

$$A_{AHD} = \sqrt{\frac{\sum_{i=1}^{n}(AHD_i - \overline{AHD})^2}{n}} \qquad (3-1)$$

式中，AHD_i 为第 i 个剪切方向上的粗糙度指标 AHD；$\overline{AHD}$ 为不同方向粗糙度指标 AHD 的平均值；n 为分析的总剪切方向数。粗糙各向异性度指标 A_{AHD} 由可反映剪切机理的粗糙度指标 AHD 组成并且考虑了所有剪切方向上的形貌面特征，具有合理性与全面性。当 $A_{AHD}=0$ 时结构面粗糙度为各向同性，$A_{AHD}>0$ 时结构面粗糙度表现为各向异性，其数值越大则各向异性特征越明显。以采样间隔为 1mm 计算 5 组结构面粗糙度各向异性度 A_{AHD}，同时作为对比计算 Belem 所提各向异性参数 K_a[90]，

$$K_a = \frac{\min(R_i)}{\max(R_i)} \qquad (3-2)$$

式中，R_i 为三维形貌面第 i 个研究方向的粗糙度指标。K_a 范围为 $0 \leqslant K_a \leqslant 1$，当 K_a 等于 1 时，形貌面粗糙度表现为各向同性，K_a 数值越小则反映形貌面各向异性程度越大。计算 5 组结构面粗糙度各向异性系数 A_{AHD} 与 K_a 见表 3-1。

5 组形貌面的 A_{AHD} 与 K_a 表 3-1

异性度参数	结构面				
	1	2	3	4	5
A_{AHD}	1.75	0.87	0.88	0.52	1.67
K_a	0.53	0.73	0.70	0.75	0.51

5 组结构面形貌的 A_{AHD} 与 K_a 的数值变化共同反映了一致的粗糙度各向异性规律。其中结构面 1 与 5 形貌粗糙度各向异性度最大且大致相等（A_{AHD} 数值最大而 K_a 数值最小）；结构面 4 各向异性度最小（A_{AHD} 数值最小而 K_a 数值最大）；结构面 2、3 各向异性度居于中间且大致相等（A_{AHD} 与 K_a 数值介于中间）。两种参数规律一致显示出所提各向异性度指标 A_{AHD} 具有一定的合理性。

由图 3-2 可知随着采样间距的增大结构面粗糙度特征均有所变化：粗糙度指标 AHD 随着采样间距的增大而减小，结构面各向异性特征也有所变化。对 5 组结构面在 $0.25 \sim 3\text{mm}$ 范围内（该范围也是粗糙度指标 AHD 应用范围）12 种采样间距下的各向异性特征进行度量，结果见图 3-3。由两种指标 A_{AHD} 与 K_a 计算结果可知虽然各形貌面各向异性度不同，但随着采样间距的增加形貌面各向异性度均在增大。这说明在一定范围内，结构面各向异性特征与采样间距表现为正相关关系，该结果也与宋雷博研究粗糙度指标结果类似[107]，这也进一步表明 A_{AHD} 具有一定的合理性。另外不排除采样间距与各向异性特征关系受结构面形貌本身特征影响表现出不同的规律。

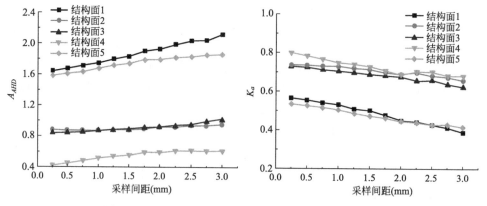

图 3-3　形貌面粗糙各向异性度与采样间距之间关系图

3.3　粗糙度的尺寸效应

为探求结构面粗糙度的尺寸效应以及尺寸效应是否具有方向性，在5组形貌面中心各选取了8种不同尺寸（长方形长边分别为40、60、80、100、120、140、160、180、200mm）但投影形状与结构面相似的长方形进行粗糙度尺寸效应研究。以结构面1为例，选取形貌内部研究尺寸方法见图3-4。

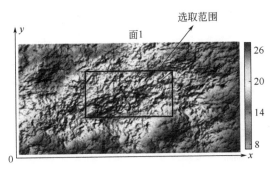

图 3-4　研究尺寸示意图

基于结构面1，通过 matalab 得到不同研究尺寸的形貌图见图 3-5。

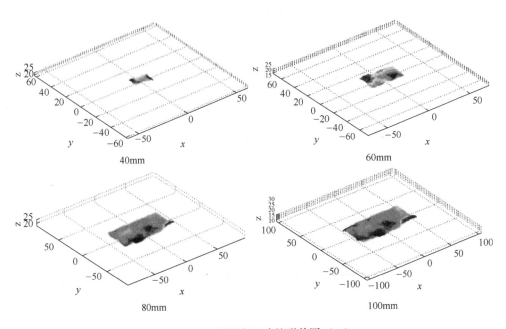

图 3-5　不同研究尺寸的形貌图（一）

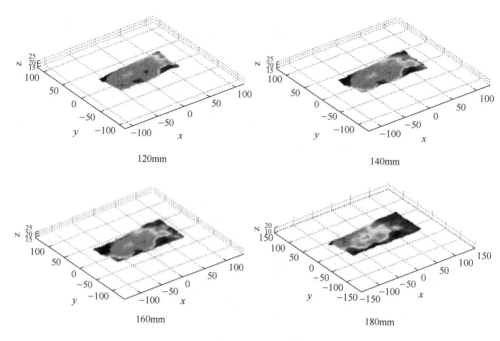

图 3-5　不同研究尺寸的形貌图（二）

　　对于每个研究尺寸的结构面形貌，每隔 15°作为分析方向计算不同研究尺寸与不同剪切方向的粗糙度指标，结果见图 3-6。

　　图 3-6 反映出不同结构面形貌粗糙度具有共同的规律：相同研究尺寸的不同剪切方向粗糙度大小不同；相同剪切方向，不同研究尺寸时粗糙度也不一样；不同剪切方向时，粗糙度大小随着研究尺寸变化的趋势也不同。

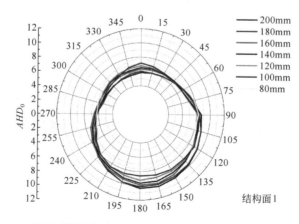

图 3-6　形貌面粗糙度随研究尺寸与剪切方向变化的雷达图（一）

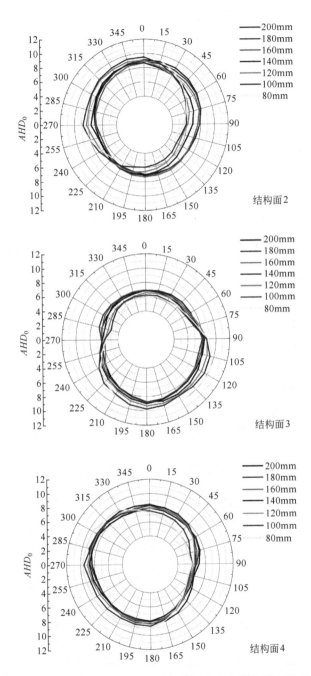

图 3-6 形貌面粗糙度随研究尺寸与剪切方向变化的雷达图（二）

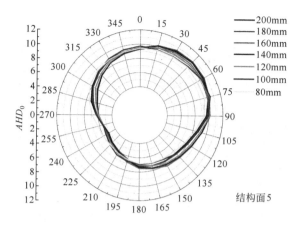

图 3-6　形貌面粗糙度随研究尺寸与剪切方向变化的雷达图（三）

结构面 1 粗糙度指标整体曲线环大致呈刚性体移动趋势，在 285°～60°之间大致为正尺寸效应，在 90°～210°之间大致为负尺寸效应，其余角度尺寸效应并不明显。这表明粗糙度尺寸效应具有明显方向性。结构面 2 粗糙度指标整体雷达曲线大致呈刚性环移动趋势，在 255°～0°之间大致为负尺寸效应，在 60°～195°之间大致为正尺寸效应，其余角度范围尺寸效应并不明显。这也证明粗糙度尺寸效应具有明显方向性。结构面 3 粗糙度指标雷达曲线环变形较大且呈移动趋势，在 90°～210°之间大致为负尺寸效应，其余角度尺寸效应并不明显。研究表明单一情况的尺寸效应只是存在于某一方向上，不同剪切方向上尺寸效应不同。结构面 4、5 尺寸效应不明显。上述分析了各个方向的粗糙度指标随着尺寸的增加而变化的情况，研究发现尺寸效应只是存在与某一方向上，对于不同的剪切方向尺寸效应不同。

为直观表示出不同剪切方向粗糙度指标随着研究尺寸变化的关系，图 3-7 显示了分析方向间隔为 45°的粗糙度指标随研究尺寸的变化规律。

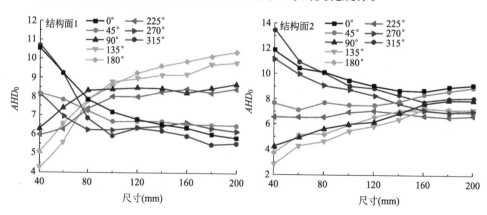

图 3-7　形貌面粗糙度与研究尺寸之间关系图（一）

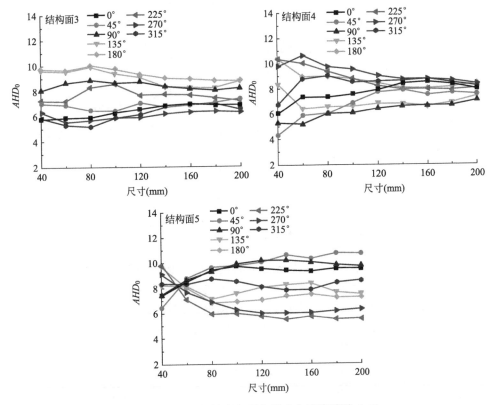

图 3-7　形貌面粗糙度与研究尺寸之间关系图（二）

由图 3-7 可知结构面粗糙度在某一方向上可存在正尺寸效应、负尺寸效应、无尺寸效应情况。进一步说明粗糙度尺寸效应与结构面本身形貌特点有关也与剪切方向有关。值得注意的是不管哪种结构面哪个剪切方向粗糙度指标都随着研究尺寸的增大而发生收敛的趋势。这表明随着研究尺寸的增大，结构面粗糙度会逐渐稳定。本书研究试块长度为 200mm，也是实验常用试块尺寸，研究发现在该尺寸下结构粗糙度已经大致趋于稳定。

3.4　粗糙各向异性度的尺寸效应

结构面粗糙度是否具有尺寸效应，这与形貌面本身特点有关也与剪切方向有关。为全面考虑结构面各个剪切方向的尺寸效应，本书研究了尺寸与各向异性度参数之间的关系。各向异性度参数 A_{AHD} 考虑了各个剪切方向粗糙度特征，因此探讨各向异性度的尺寸效应可以克服尺寸效应依赖于剪切方向的特点。通过各个方向的粗糙度指标计算出粗糙度各向异性指标 A_{AHD}，得到 A_{AHD} 与研究尺寸之间的关系见图 3-8，作为对比也展示了各向异性参数 K_a 与研究尺寸之间的关系。

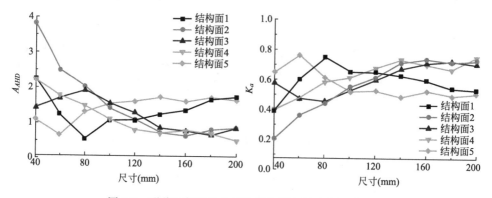

图 3-8　形貌面粗糙各向异性度与研究尺寸之间关系图

由图 3-8 可知研究尺寸大于 80mm 时各向异性参数随着尺寸增加显示出单调变化趋势，而研究尺寸小于 80mm 时各向异性参数变化较大。这可能是由于研究尺寸小于 80mm 时数据较少得到结果比较离散，因此重点关注研究尺寸大于 80mm 情况。结构面 1、3、5 各向异性度参数 A_{AHD} 大致随着研究尺寸增加呈增大趋势，而异性度参数 K_a 大致随着尺寸增加呈降低趋势。这共同表明结构面 1、3、5 各向异性度随着尺寸增大而增大。结构面 2、4 各向异性度参数 A_{AHD} 大致随着尺寸增加呈降低趋势，而异性度参数 K_a 大致随着尺寸增加呈增大趋势。这共同表明结构面 2、4 各向异性度随着尺寸增大而减小。不同结构面粗糙度各向异性度随着研究尺寸增加变化趋势不同表明不同结构面各向异性度具有不同的尺寸效应，正尺寸效应或负尺寸效应或无尺寸效应。虽然不同结构面各向异性度正负尺寸效应不同，但都有随着研究尺寸增大各向异性度发生收敛的趋势。这表明随着尺寸的增加，各向异性度会逐渐稳定。本文研究试块长度为 200mm，也是实验常用试块尺寸，研究发现在该尺寸下结构面各向异性度已经大致趋于稳定。

3.5　本章小结

本章在新粗糙度指标 AHD 基础上，研究了结构面粗糙度各向异性、粗糙度采样间距效应、粗糙各向异性度的采样间距效应、粗糙度的尺寸效应、粗糙各向异性度的尺寸效应，得出以下结论：

（1）当剪切方向固定时，随着采样间距增大粗糙度指标 AHD 在减小。当采样间距固定时 AHD 随着剪切方向的变化而变化，AHD 表现出各向异性特点。同时 AHD 随采样间距变化而改变的速率依赖于剪切方向。

（2）为定量表征结构面粗糙度各向异性特点，提出了各向异性度指标 A_{AHD}。A_{AHD} 由可反映剪切机理的粗糙度指标 AHD 组成并且考虑了所有剪切方向上的结构面形貌特征，较 Belem 所提各向异性参数 K_a 更具有合理性与全面性。

（3）在一定采样间距范围内，结构面形貌各向异性度与采样间距表现为正相关关系，另外不排除采样间距与各向异性特征关系受形貌面本身特征影响表现出不同的规律。

（4）粗糙度尺寸效应与结构面形貌本身特点有关也与剪切方向有关，但不管哪种尺寸效应哪个剪切方向随着研究尺寸的增大，结构面粗糙度都会逐渐稳定。

（5）结构面各向异性度具有不同的尺寸效应，与结构面本身特点有关。虽然不同结构面各向异性度正负尺寸效应不同，但随着研究尺寸的增加，各向异性度会逐渐稳定。

第4章

岩石结构面峰值抗剪强度试验研究

为进一步探讨结构面三维形貌如何影响结构面峰值抗剪强度，在能够合理反映结构面剪切强度粗糙度指标基础上通过室内试验研究结构面剪切强度与法向应力、结构面粗糙度之间的关系。通过试验进一步研究结构面剪切机理，剪切变形规律和峰值剪切强度，同时为构建出含有结构面三维形貌特征的抗剪强度模型提供试验基础。

本章主要通过定法向荷载结构面剪切试验对水泥砂浆复制结构面的剪切强度进行了研究：首先采用巴西劈裂试验获取了自然劈裂岩石表面，通过三维扫描技术获取了结构面形态的高精度点云，通过逆向建模得到了自然岩石表面的立体模型，结合 3D 打印技术制作出了与自然岩石表面一致的 PLA 模具，以 3D 打印获得的底模通过水泥砂浆浇筑了含有自然结构面形貌的相似结构面试样。然后进行了具有 5 组形貌面的 20 个水泥砂浆结构面在 4 种不同法向荷载情况下的结构面剪切试验，得到了结构面剪切位移-荷载曲线。研究了结构面峰值抗剪强度、峰值位移、剪切刚度影响因素。再次，分析了结构面磨损情况与形貌等效高差分布进行了对比。最后，进行了含有不同空腔率的结构面剪切试验，分析了含空腔结构面剪切位移-荷载曲线的特征以及影响结构面峰值抗剪强度的影响因素。

4.1 结构面试块制作

室内和现场试验是确定岩石结构面剪切强度的基本方法。岩石结构面剪切试验是破坏试验，当经历剪切后结构面形貌会发生不可逆变化，所以一个试块只能进行一次试验。按照单一变量原则研究岩石结构面剪切力学的性质，试块应满足以下要求：（1）为了定量研究结构面形貌与应力状态的影响，岩石结构面强度需要设为统一不变量，因此岩石结构面强度应具有良好的一致性。（2）为了定量研究法向应力状态对结构面剪切力学性质的影响，同一组试验岩石结构面形貌应具有良好的一致性。（3）为了研究吻合结构面的剪切强度，试块结构面需具有良好的耦合度。然而在野外选取的天然岩石其结构面形貌、结构面风化程度、结构面岩壁强度各有差异，不能保证具有良好的一致性。同时，上下盘对应结构面吻合度较差，难以确定吻合度对结构面剪切力学性质的影响。这些不利因素势必会对岩石结构面剪切力学的性质产生干扰。为保证试验结果的可靠性并且剪切试验可批量进行，结构面壁强度一致、上下盘耦合较好、各结构面形貌能够定量控制、采用相似配比材料制作类岩石试块是岩石结构面力学性质试验研究的重要方法之一。

国内外不少学者采用相似材料开展了岩石结构面力学性质的研究。其中 Patton 采用石膏材料研究了规则结构面的剪切行为[120]；左保成提出了相似材料替换原则[162]；杜时贵试验证实相似材料可代替岩石进行结构面力学性质分析[163]。王汉鹏研制了覆盖中低强度的模拟材料来制作岩石结构面试块[164]。沈荣明等通过相似材料研究了规则齿状结构面在不同法向应力下的剪切受力性质[165]。李海波采用人工浇筑的规则结构面研究了结构面剪切强度随起伏角度、正应力变化、速率变化等因素的影响[166]。朱小明等利用高强石膏制作了含高阶微凸体的结构面试件，研究了高阶微凸体的影响[167]。以上研究表明通过制作岩石相似材料的试块进行剪切试验可以在一定程度上反映岩石结构面的力学性质。但是研究时采用的结构面均为锯齿型规则结构面，规则结构面可在一定程度上反映粗糙度对结构面剪切力学性质的影响。然而自然岩石结构面表面与规则结构面形态差异较大，因而在研究结构面剪切破坏机制时所得结果具有一定的局限性。为了进行具有自然结构面形貌的重复性剪切试验，一些学者采用自然结构面为底模逆向制作出具有自然形貌特征的结构面试块[168]，但制作工艺有一定程度的不足：（1）为方便试块成型后顺利脱模，制作过程中在结构面间铺设隔离膜的措施会掩盖结构面细节信息，导致复制精度较差。（2）对于强度较低的结构面，在复制过程中由于振捣等因素的存在导致原始结构面破坏。

针对上述问题，采用巴西劈裂试验获取了自然劈裂岩石表面，通过三维扫描技术获取了结构面形态的高精度点云，结合 3D 打印技术获取了制作具有相同形貌的结构面模具，最后通过水泥砂浆浇筑成型了含有自然结构面形貌的相似试样。PLA 模具与复制材料差异较大，复制材料在凝结过程中不易与 PLA 模具粘结，进而使脱模过程方便顺利，不会破坏结构面。同时 PLA 模具可重复进行相似材料复制工作，具有可重复使用的优点。

4.1.1　3D 打印结构面模具

3D 打印技术是逆向工程的一种。它是以测量技术为基础通过计算机控制精确获取三维模型的一种技术[169]。本书试验模具运用 3D 打印技术进行制作的主要流程是应用计算机三维软件设计出立体的结构面样式，其结构面形貌基于第 2章扫描试验获得的 5 组结构面数据。通过加热 PLA 细丝，使融化后的材料通过喷嘴喷出，逐层打印出成型的磨具。模具打印精度 0.2mm，最终制得 5 组结构面模具见图 4-1。

图 4-1　PLA 模具

4.1.2　水泥砂浆结构面制作

结构面形貌上的几何信息复杂无序，相近的位置几何形貌也会有很大的不同。为了能够合理地复制结构面的形貌，所选用的材料应基本消除粒径对复制准确度的影响。本节制作复制结构面所选取的细骨料为标准砂，可在浇筑过程中减小对结构面形态的影响。其他材料为 42.5R 基准水泥和水，质量配合比为水∶水泥∶砂＝1∶2.3∶4.5。首先根据水泥砂浆配合比计算出复制结构面所需水泥、砂浆、水用量，然后用电子秤称好质量备用。将水泥标准砂部分干料提前放入搅拌桶内，搅拌时采用电动手持搅拌机边加水边搅拌，搅拌好一部分后边加入砂浆干料边搅拌。搅拌机速率调至适中防止速率过小搅拌不均匀过大则引起砂浆飞溅，现场搅拌 1～2min 后表观均匀即可使用。试模应与所成型结构面尺寸相同，尺寸为 200mm×100mm×100mm。所有试模应保持内部整洁、各部分连接处无缝隙紧密贴合、锁固的螺丝与螺母应配套易于拧紧。砂浆浇筑前应在试模内部刷薄薄一层润滑油方便试件顺利脱模。将打印好的 PLA 模具放在铸铁试模内并保证结构面向上放置，刷少量均匀的润滑油，将搅拌均匀的水泥砂浆相似材料一层一层浇筑在打印模具表面，并采用振动仪充分振捣，以方便砂浆内部气泡排出。将砂浆填满试模后，用铁铲磨平试模顶面。将浇筑好的试模放于平整地面且拆模前不得扰动，并且在试模上铺盖保鲜膜使砂浆完全包裹以防止水分蒸发影响水化速度。试模静置 36 小时后进行拆模工作，拆模时应小心进行不得损坏结构面以及试件边角。试块顺利拆模后放置标准养护室养护 28 天，获取试验所得结构面试件。材料与现场制作照片见图 4-2。所得结构面见图 4-3。

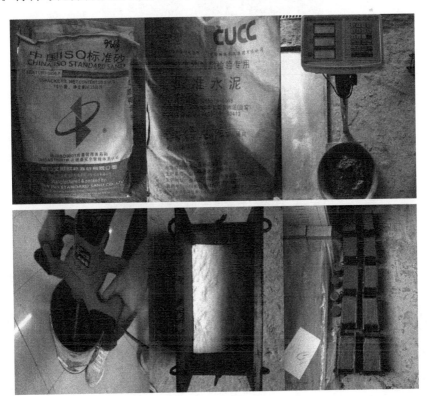

图 4-2　制作现场照片

4.1.3　水泥砂浆结构面力学参数测量

为了获取直剪试验所需结构面力学参数，参照《水电水利工程岩石试验规程》DL/T 5368—2007 在结构面试块制作过程中制备了若干个高度为 100mm，直径为 50mm 的砂浆试件。为保证材料性质一致，在制作过程中测试力学参数所用砂浆柱与剪切试验结构面试块配合比相同、振捣过程一致，养护条件均一致。

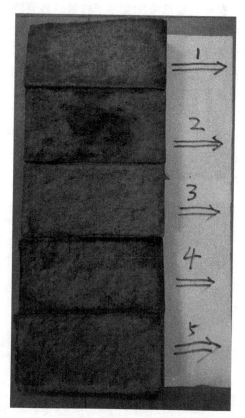

图 4-3　试验结构面试块

在岩石三轴伺服试验机上进行单轴以及三轴压缩试验，测定其单轴抗压强度为 29MPa、内摩擦角为 35°。采用巴西劈裂试验测定抗拉强度为 2.1MPa。

结构面基本摩擦角可由倾斜试验确定[170]。试验时将结构面试块平直面重合水平叠合在一起，缓缓地加大试件的倾角直到上半试块开始滑动，此时平直面倾角即为基本摩擦角。进行试验的试件数目为 10 块，每个试块重复 3 次试验，最后得到结构面平均基本摩擦角为 32°。

4.2　水泥砂浆结构面剪切试验

4.2.1　结构面剪切试验装置

本试验是在武汉大学水利水电学院剪切试验仪上进行的（图 4-4）。机器整体由轴向加载系统、切向加载系统、轴向应力应变测量系统、切向应力应变测量系

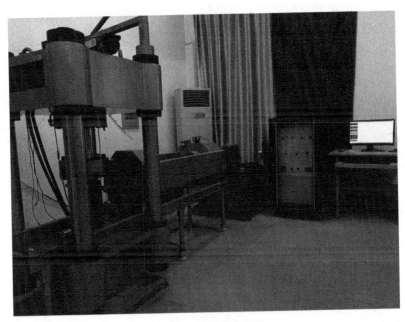

图 4-4　直剪试验装置

统、计算机控制系统和相应测量与控制软件组成。试验加载系统详细参数见文献
[133]。

4.2.2　直剪试验方法

结构面直剪试验在常法向应力状态下进行，即试验过程中保持轴向荷载不变
然后施加匀速剪切位移。首先将上下片结构面在耦合状态下放入剪切盒内，为保
证剪切破坏沿结构面必须保证结构面在剪切盒高度中部。放置合适位置后固定剪
切盒，保证下片结构面固定而上片结构面可沿剪切方向自由滑动。安装好剪切盒
后，用吊车将剪切盒吊至剪切框架内，剪切盒受剪部分应精确放置卡槽内以保证
切向荷载顺利传递。在试块顶部放置铁块，目的是保证竖向荷载传递均匀。将剪
切框架推至轴向压力机下，试块位置应处于轴向加载系统正中心以确保不发生偏
心加载。安装好试验所需仪器后打开油泵，首先按照荷载控制方式施加法向荷
载，加载速度为 0.10kN/min，分别按不同试块加载至 0.5、1、1.5、2MPa。待
法向荷载保持保持稳定 1min，按照位移方式施加切向荷载，速率为 0.5mm/
min，当剪切位移达到 10mm 时试验停止。试验过程中通过伺服控制软件采集整
个过程的剪位移、剪荷载和轴向荷载等试验数据。

4.2.3　直剪试验成果及分析

根据上述直剪试验方法，分别对具有 5 种不同几何形貌的水泥砂浆结构面进行了 20 组定法向荷载条件下的直剪试验，在试验过程中记录了剪切荷载与剪切位移等试验数据，经相应的处理可得结构面剪应力-位移曲线见图 4-5。

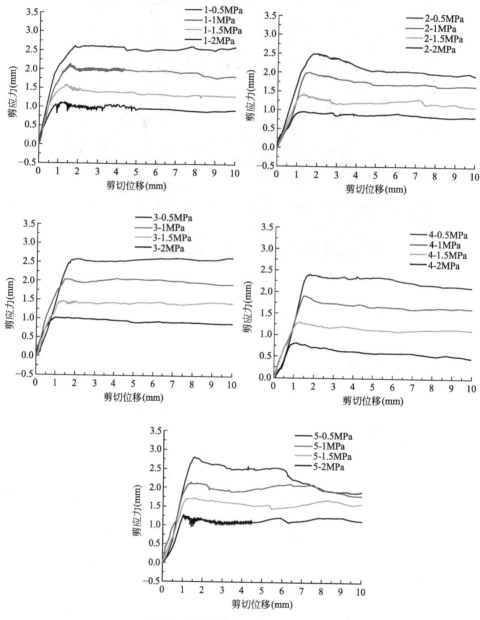

图 4-5　结构面剪切应力-位移曲线图

典型的结构面剪切应力-位移曲线如结构面 2-1MPa 曲线所示，当结构面施加剪切位移时由于结构面耦合较好，结构面保持初始剪切刚度大致不变直至峰值抗剪强度,该阶段剪切应力-位移曲线大致为直线型。达到峰值剪切强度时的位移即为峰值剪切位移,当结构面达到峰值后继续施加一定的剪切位移,剪应力会略微下降,然后剪应力达到并维持残余应力基本不变。基于上述特点,将直线增量段末端纵坐标定义为峰值剪切强度,对应的横坐标为峰值剪切位移。该取法可满足大部分试验工况,但结构面 3-2MPa 试验结果显示最大剪切应力为剪切位移 10mm 处,该数值与直线增量末端位置数值差异不大,所以最大剪应力仍按上述方法获得。20 组剪切试验所得峰值抗剪强度如表 4-1 所示。

结构面峰值抗剪强度试验结果 表 4-1

结构面号		1	2	3	4	5
不同法向应力所得剪切强度值(MPa)	0.5MPa	1.10	0.95	1.03	0.81	1.25
	1MPa	1.55	1.40	1.47	1.30	1.70
	1.5MPa	2.10	2.00	2.05	1.90	2.15
	2MPa	2.60	2.50	2.55	2.40	2.70

由表 4-1 可知,在相同应力状态下不同结构面峰值抗剪强度不同,显示结构面剪切强度与结构面形貌特征有关。

基于 Barton 公式可计算出以上 20 组结构面峰值剪切强度,其中 Barton 公式中 JCS 可取材料单轴抗压强度(29MPa),基本摩擦角32°,此外还需得到结构面粗糙度系数 JRC 数值。Barton 提出 10 条标准 JRC 曲线,通过形貌线与这 10 条曲线对比估计 JRC 数值。然而通过视觉与 JRC 标准曲线建立关系存在一定主观性,且一条剖面线无法反映整个形貌的特征,因此误差较大。为解决主观性的问题,本节通过 $Tse^{[40]}$ 定量的方法确定 JRC 数值。为了使计算所得 JRC 能够尽可能代表整个形貌的特征,对每个结构面沿剪切方向每隔 10mm 获取一条结构面剖面线,见图 4-6,所得 JRC 见表 4-2。将试验结果与 Barton 计算结果对比见图 4-7,可知对于相同形貌结构面随着法

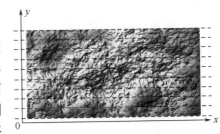

图 4-6 确定 JRC 时结构面剖面线选取示意图

向应力增大结构面剪切强度变大,这与 Barton 所得试验结果趋势一致,但 Barton 计算结果与试验结果对比较小。

结构面 JRC 数值 表 4-2

结构面号		1	2	3	4	5
JRC	视觉对比	15	15	17	18	17
	统计方法	13.65	14.23	14.91	14.85	16.29

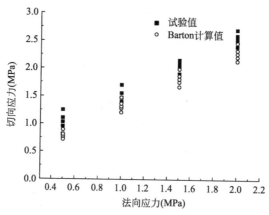

图 4-7　峰值抗剪强度的试验结果与 Barton 公式计算结果对比图

试验所得峰值位移见表 4-3。

结构面峰值剪切位移试验结果　　　　　　　　　　　　　表 4-3

结构面号		1	2	3	4	5
不同法向应力所得峰值位移值（mm）	0.5MPa	1.20	1.20	1.13	1.14	1.00
	1MPa	1.35	1.30	1.30	1.30	1.22
	1.5MPa	1.60	1.60	1.50	1.50	1.40
	2MPa	1.80	1.80	1.75	1.75	1.70

　　由表 4-3 可知，在相同应力状态下不同结构面峰值剪切位移不同，显示结构面剪切位移与结构面形貌特征有关。对于相同形貌结构面随着法向应力增大结构面峰值剪切位移变大。

　　由于峰值剪切强度前的剪切应力-位移曲线大致为直线型，我们可以定义剪切刚度为峰值剪切应力/峰值位移。剪切刚度反映了结构面单位位移的剪应力，对结构面破坏有重要影响。

结构面剪切刚度试验结果　　　　　　　　　　　　　表 4-4

结构面号		1	2	3	4	5
不同法向应力时结构面剪切刚度（MPa/mm）	0.5MPa	0.92	0.79	0.91	0.71	1.25
	1MPa	1.15	1.08	1.13	1.00	1.42
	1.5MPa	1.31	1.25	1.37	1.27	1.54
	2MPa	1.44	1.39	1.46	1.37	1.59

　　由表 4-4 可知，结构面剪切刚度与结构面形貌粗糙度与法向应力均有关，其中与法向应力正相关。

4.2.4 结构面破坏特征分析

经历剪切后结构面上微凸体由于压碎破坏与剪断破坏而表现为结构面形貌发生磨损现象。试验过程结构面所施加法向应力最大为2MPa，为完整模拟岩石材料单轴抗压强度的1/15，因而试验时结构面的破坏主要为在剪切荷载作用下的剪切破坏。对于相同结构面，随着法向应力的增大结构面发生磨损与剪切破坏的区域变大，这是由于随着法向应力的增大，微凸体由爬坡效应转化为剪断效应。爬坡效应的微凸体在结构面剪切后不会通过磨损的痕迹反映在结构形貌面上，而剪断效应会反映在结构面上。5种结构面经过剪切历程后形貌面出现不同程度的磨损，将5组磨损后的结构面图片（图4-8左侧一列图）与结构面方向1的等效高差分布（图4-8右侧一列图）对比，发现磨损的范围与等效高差分布范围基本一致，并且在等效高差为蓝色区域较大且成片的区域磨损较为严重。结构面1在剪切方向上蓝色区域分布较为均匀，结构面实际磨损图中磨损的位置分布也较为均匀，白色磨损区域与蓝色等效高差分布基本吻合。结构面2等效高差分布图中

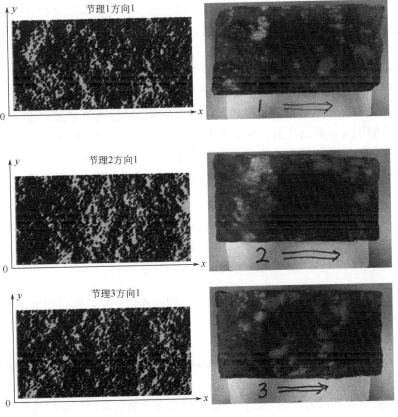

图4-8 结构面等效高差与磨损分布对比图（一）

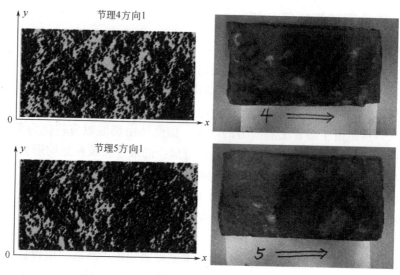

图 4-8 结构面等效高差与磨损分布对比图（二）

蓝色部分主要集中在左半部分，中部蓝色部分很少。对比实际结构面磨损图可见左半部分磨损严重，中部基本没有磨损。结构面 3 等效高差分布图中中部蓝色区域比较大且成片，对比实际磨损图中恰好反映了蓝色区域的分布特点。而结构面 4 中由于形貌以及剪切方向的特点，结构面蓝色区域较小且不连续，对比磨损图中可见磨损的范围较小且较为零星。对于结构面 5 与等效高差分布差异较大，结构面 5 的磨损范围小于等效高差范围，可能是由于结构面施加法向应力较小，剪切磨损不够明显，在图片上显示不出来的缘故。但结构面实际磨损图中白色也恰好对应蓝色区域密度较大部分。这些吻合说明蓝色区域在结构面剪切过程中抵抗剪切作用更加明显，同时表明基于等效高差分布所提的粗糙度指标具有一定的合理性。

4.3 含有不同空腔率的结构面剪切试验

在实际岩石工程中，完全耦合的岩石结构面非常少见，结构面大多处于非耦合的状态。为进一步研究结构面粗糙度与剪切强度之间的关系以及不同接触状态对结构面剪切强度的影响，本节对含有空腔率的结构面进行了定法向荷载下的结构面剪切试验。唐志成[141] 进行了不同接触状态的结构面剪切试验，试验中以结构面错动量来定量表征结构面接触状态。由于不同结构面错动量对接触面积以及形貌特征改变因素较为复杂，因此不适合作为定量表征接触状态的参数。本书所提空腔率可定量表征结构面的接触状态，通过结构面剪切试验可测得不同空腔率情况的结构面剪切强度，进而建立起空腔率与结构面剪切强度之间的关系。

4.3.1　含有不同空腔率的结构面制作

含有不同空腔率的结构面试块材料性质、制作方法、养护方法与4.2节结构面一致，只是在制作试块时把模具中间用不同面积小块覆盖，这样在复制结构面时就可以形成不同面积的空腔。采用结构面2、3作为基础模具，分别制作空腔率为0.1～0.4（空腔面积占总结构面投影面积的比值）的结构面试块。图4-9为制作含空腔结构面所有模具图，2-x（x为1-4）代表结构面2表面具有0.1～0.4的空腔，3-x（x为1-4）代表结构面3表面具有0.1～0.4的空腔。

基于上述模具，制作出含空腔的结构面见图4-10。

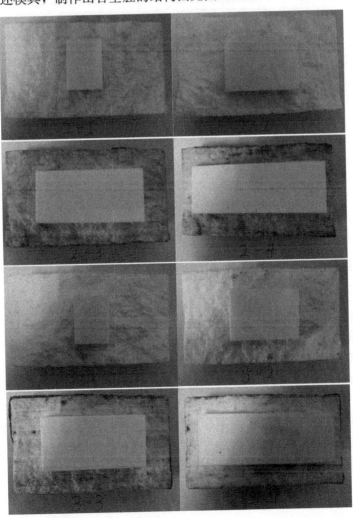

图4-9　基于结构面2与3的含空腔率为0.1～0.4的PLA模具

图 4-10　空腔率为 0.1～0.4 的结构面

4.3.2　含有不同空腔率的结构面直剪试验方法

　　含有空腔率结构面直剪试验在常法向应力状态下进行，试验装置与 4.2 节剪切试验装置一致。首先将试块在部分耦合状态（除了空腔部分结构面分离，其他形貌面耦合）下放入剪切盒内，为保证剪切破坏沿结构面必须保证结构面在剪切盒高度中部。放置合适位置后固定剪切盒，保证下片结构面固定而上片结构面可沿剪切方向自由滑动。安装好剪切盒后，用吊车将剪切盒吊至剪切框架内，剪切盒受剪部分应精确放置卡槽内以保证切向荷载的传递。在试块顶部放置铁块，目的是保证竖向荷载传递均匀。将剪切框架推至轴向压力机下，试块位置应处于轴向加载系统正中心。试验加载方法、采集数据过程与耦合结构面剪切试验相同，最后得到结构面剪应力-位移曲线。

4.3.3　含空腔结构面直剪试验成果及分析

　　根据上述直剪试验方法，分别对具有 2 种不同结构面形貌含有 4 种空腔率的水泥砂浆结构面进行了 8 组定法向荷载条件下的直剪试验。在试验过程中记录了试验数据，经整理可得结构面剪应力-位移曲线见图 4-11。

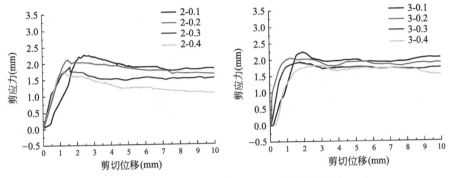

图 4-11　含空腔结构面剪切应力-位移曲线图

含空腔结构面剪切应力-位移曲线与耦合结构面剪切应力-位移曲线类似，当结构面施加剪切位移时，由于接触状态处的结构面耦合较好，结构面保持初始剪切刚度大致不变到峰值强度，该阶段剪切应力-位移曲线大致为直线型。当结构面达到峰值后继续加载，剪应力会略微下降，最后剪应力达到并维持残余应力基本不变。试验所得不同空腔率结构面峰值抗剪强度见表 4-5，峰值抗剪强度随空腔率变化见图 4-12。由图 4-12 可知，结构面剪切强度随着结构面空腔率的增加结构面剪切强度在减小。

含空腔率结构面剪切强度试验结果　　　　　　　　表 4-5

空腔率		0.1	0.2	0.3	0.4
不同空腔率所得剪切强度值（MPa）	结构面 2	2.1	1.96	1.9	1.81
	结构面 3	2.35	2.06	1.94	1.83

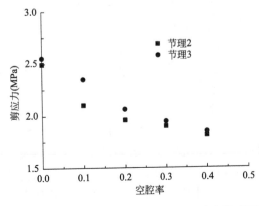

图 4-12　含空腔结构面剪切应力与空腔率关系图

4.4　本章小结

本章对复制结构面开展了定法向荷载的结构面剪切试验,主要工作成果如下:

(1) 结合 3D 打技术获得了浇筑结构面所用 PLA 底模,通过水泥砂浆浇筑了含有自然结构面形貌的相似结构面试样。PLA 模具与复制材料差异较大,复制材料在凝结过程中不易与 PLA 模具粘结,进而使脱模过程中较为方便,不会破坏结构面。同时 PLA 模具可重复进行相似材料复制工作,具有可重复使用的优点。

(2) 进行了具有 5 组形貌面的 20 个水泥砂浆结构面在 4 种不同法向荷载情况下的结构面剪切试验,得到了结构面剪切位移-荷载曲线。

典型的结构面剪切位移-荷载曲线特征:初始加载时结构面保持初始剪切刚度大致不变到峰值强度,该阶段剪切应力-位移曲线大致为直线型。达到峰值抗剪强度时的位移即为峰值剪切位移,当结构面达到峰值后继续施加一定的剪切位移,剪应力会略微下降,然后剪应力达到维持残余应力基本不变。

(3) 研究了结构面峰值抗剪强度、峰值位移、剪切刚度影响因素。

结构面峰值抗剪强度:在相同应力状态下不同结构面峰值剪切强度不同,相同的结构面法向应力越大的结构面剪切强度越大。这与 Barton 所得试验结果趋势一致,但 Barton 计算结果与试验结果对比较小。

峰值位移:结构面峰值位移与结构面形貌粗糙度、法向应力有关,并且随着法向应力增大而增大。试验结果显示小于 2mm,这比 Barton 和 Choubey 建议的以 1% 试样长度作为峰值剪切位移略小,这可能是尺寸效应引起的。

剪切刚度:对于相同结构面剪切刚度随着法向应力的增加而增加;对于相同法向应力情况下,结构面剪切刚度与结构面形貌特点相关。

(4) 试验所得结构面的破坏主要为在剪切荷载作用下的剪切破坏。对于相同结构面,随着法向应力的增大结构面发生磨损与剪切破坏的区域变大,这是由于随着法向应力的增大,微凸体由爬坡效应转化为剪断效应。5 种结构面经过剪切历程后形貌面出现不同程度的磨损,将 5 组磨损后的图片与结构面等效高差分布图对比发现磨损的范围与等效高差分布范围基本一致,并且在等效高差为蓝色区域较大且成片的区域磨损较为严重。等效高差图中蓝色区域对结构面抵抗剪切作用较为明显,同时表明基于等效高差分布所提的粗糙度指标具有一定的合理性。

(5) 为进一步解释结构面粗糙度对剪切强度的影响以及不同接触状态对结构面剪切强度的影响,对含有空腔率的结构面进行了定法向荷载下的结构面剪切试验。在制作试块时把模具中间用不同面积小块覆盖,这样在复制结构面时就可以形成不同面积的空腔。对具有 2 种不同结构面形貌含有 4 种空腔率的水泥砂浆结

构面进行了 8 组定法向荷载条件下的直剪试验。研究表明含空腔结构面剪切应力
-位移曲线与耦合结构面剪切应力-位移曲线类似，结构面剪切强度随着结构面空
腔率的增加结构面剪切强度在减小。

（6）本书仅是通过水泥砂浆浇筑了相似结构面试样。如何找到更为合适的基
础材料代替水泥砂浆制作试样并更好地模拟自然结构面对研究成果的可靠性有重
要意义。下一步我们将通过刻录技术对自然岩石面进行雕刻，得到具有特定形貌
的节理，然后进一步进行节理剪切试验。

第**5**章
岩石结构面剪切强度模型研究

鉴于结构面峰值抗剪强度对大体积岩体强度与稳定性具有重要意义，结构面峰值抗剪强度的定量研究需加大研究力度。尽管现阶段对结构面峰值抗剪强度的研究得到一些的成果，但该领域的研究还不够完善，各研究因素的物理意义还不够清晰，有待进一步研究拓展。

剪切试验的一系列成果表明结构面的剪切强度与三维粗糙度指标的大小有较强的相关性；结构面剪切过程的磨损区域与结构面等效高差的分布特征有较强的联系。本文第2章研究所得三维粗糙度指标可以考虑结构面剪切强度的各向异性，可反映结构面上微凸体剪胀作用与剪断作用，同时可反映不同尺度间结构面形貌粗糙度的关系。以粗糙度研究为基础结合结构面剪切试验结果，可建立基于结构面三维形貌特征的剪切强度模型。新模型可揭示影响剪切强度的重要因素，从定性转为定量确定结构面某个区域的破坏类型，揭示了微凸体破坏的物理本质，为进一步研究不同接触状态的结构面剪切模型提供理论支持。

5.1 结构面峰值抗剪强度影响因素研究

影响结构面峰值抗剪强度的因素主要包括结构面所承受的法向应力、结构面形貌几何特征（结构面起伏度、起伏走向、高度分布特征等）、结构面岩壁强度、完整岩石类型、结构面接触状态、结构面含水率、结构面充填物的厚度以及充填类型、结构面的尺寸效应、加载速率、温度和湿度等[147]。对于耦合结构面，各类影响因素中法向应力、结构面形貌特征、岩石类型以及岩壁强度为影响结构面峰值抗剪强度的主要因素。对于天然结构面峰值抗剪强度而言，其法向应力可由结构面所处周边岩石应力环境确定，结构面风化程度以及含水率可通过水文地质调查结果确定，结构面形貌可通过 GIS 测量技术以及周边裸露结构面的形貌特征推断。在上述信息获取的基础上，可以结合结构面峰值抗剪强度模型推测其峰值抗剪强度。本节在第4章试验结果以及现有研究成果的基础上，分析了影响结构面峰值抗剪强度的因素以及相关定量规律。

5.1.1 法向应力的影响

法向应力对结构面峰值抗剪强度影响规律的研究目前已基本成熟，试验结果也表明对于同一形貌结构面，其峰值抗剪强度随着法向应力的增大而增大。岩石结构面受剪切作用时，随着法向应力的变化岩石结构面基本摩擦角不变，而峰值膨胀角会随着结构面所受法向应力增大而减小[136]，因此法向应力与峰值抗剪强度的关系为非线性关系。Coulomb最早研究了岩石结构面剪切强度并采用摩擦定律的形式描述了剪切强度与法向应力之间的关系：$\tau = \mu \sigma_n$，式中u为摩擦系数。该表达式是一个理想的摩擦定律，然而在低法向应力下摩擦系数不是定值且与粗糙度有关。研究表明摩擦系数与峰值膨胀角有关，表征峰值膨胀角时应考虑法向应力的影响[134]。其中Barton、Schneider、Jing等模型[64,123,124]均可反映结构面峰值抗剪强度的Coulomb关系与峰值膨胀角随着法向应力呈抛物线形式的减小趋势。

5.1.2 结构面类型的影响

研究表明，结构面岩壁的材料性质对结构面峰值抗剪强度有重要影响。其中结构面岩壁的强度以及弹性模量对其影响最为突出，结构面岩壁的弹性模量越大、强度越高，在相同法向应力下结构面峰值抗剪强度越高。同时第2章研究表明，结构面岩壁材料性质对粗糙度指标的结果也有一定的影响。

5.1.3 含水率、风化程度及填充物的影响

对于含水率较高的结构面，其岩壁强度以及弹性模量会有一定程度的下降，尤其对于软岩以及黏土类材料，含水率较高会较大地改变岩石结构面壁的性质，进而改变其峰值抗剪强度。风化程度也是由于影响结构面岩壁的力学性质进而影响结构面的峰值抗剪强度，对于岩壁强度较高的结构面，风化程度会对其峰值抗剪强度影响较大。

填充物的材料性质以及填充物的厚度均会影响结构面峰值抗剪强度。如一些低摩擦材料的填充物会引起抗剪强度下降，而摩擦系数较高的岩脉材料会引起强度增大。对于平直结构面，随着填充厚度的增加，结构面剪切强度逐渐减小。当填充物厚度达到一定程度时，峰值抗剪强度会逐渐稳定在一定数值不再减小。当结构面起伏不平含有一定粗糙度时，填充物厚度对峰值抗剪强度的影响还需与结构面粗糙度影响因素结合。Goodman[171]提出充填度概念，定量化了上述关系：当填充度小于100%时，结构面强度一般情况下会随填充度以非线性关系降低；当大于100%时，强度主要由充填物强度控制；当大于200%时，结构面的强度继续降低接近充填物的强度。

5.1.4 结构面三维形貌特征的影响

当岩石结构面材料确定、法向应力已知时，结构面三维形貌特征决定了结构面峰值抗剪强度，结构面三维形貌特征与峰值抗剪强度的关系是结构面剪切行为研究的热点。一般而言，结构面形貌越粗糙其峰值抗剪强度越大。学者提出了一系列粗糙度指标，但大多粗糙度指标并没有很好地与结构面剪切强度合理联系起来。本文将结构面微凸体等效为连续的长方体微凸体，研究了不同几何参数微凸体对剪切强度的影响。微凸体剪胀破坏与剪断破坏两种不同模式对剪切强度影响不同，在此理论基础下提出了具有分维特征的三维粗糙度指标系统。该指标系统可通过等效高差反映微凸体对强度的影响，可以描述剪切方向性，同时克服了采样间距的影响。指标具有明确的物理意义，基于结构面剪切试验研究可进一步探求粗糙度参数对结构面峰值抗剪强度的影响。

首先分析粗糙度指标 AHD_0 对结构面峰值抗剪强度的影响。分形粗糙度 AHD_0 实质为测量尺度为 1mm 的平均等效高差，两者物理意义一致。平均等效高差 AHD 表征了不同破坏形式的微凸体对强度的贡献，可反映结构面的起伏方向性。从长方体微凸体的破坏模式以及微凸体破坏理论上可知其大小反映了结构面形貌特征对强度的贡献并且与峰值抗剪强度成正相关关系。为了试验验证粗糙度指标 AHD_0 与结构面峰值抗剪强度的相关性，分别将试验所得结构面峰值抗剪强度与法向应力比值和粗糙度指标 AHD_0 的关系绘制于直角坐标，见图 5-1。

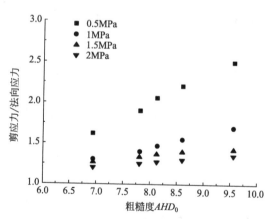

图 5-1 结构面峰值抗剪强度与法向应力比值和粗糙度指标 AHD_0 的关系图

由图 5-1 可知在相同法向应力情况下，结构面峰值抗剪强度与法向应力比值和粗糙度指标 AHD_0 近似成正相关。不同法向应力时所对应关系大致为直线，不同之处为其斜率不同，这是因为不同法向应力影响了结构面的峰值膨胀角变化趋势。总体来说结构面峰值抗剪强度与法向应力比值随着粗糙度指标 AHD_0 增大而增大，表明结构面峰值抗剪强度与粗糙度指标 AHD_0 具有良好的相关性。进一步从粗糙度指标 AHD_0 物理意义上来说，粗糙度指标 AHD_0 是测量单位 1mm 的 AHD 值，AHD 是一个考虑结构面剪切强度特性的可以反映结构面剪切方向上的结构面粗糙度、起伏度的指标，结构面剪切方向的起伏度越大则其峰值抗剪强度越大。同时本文第 4 章中等效高差分布情况与结构面磨损情况具有良好的一致性也可以侧面反映出结构面峰值抗剪强度与粗糙度指标 AHD_0 具有良好的相关性。

其次分析粗糙度指标中分形维数 D_{AHD} 对结构面峰值抗剪强度的影响。粗糙度指标中另一个参数为分形维数 D_{AHD}，分形维数 D_{AHD} 表征了不同测量尺度下粗糙度指标 AHD 之间的关系。相对于分形截距的粗糙度指标 AHD_0 来说，它体现的是不同尺度的粗糙度指标，表征了不同尺度粗糙度之间的关系，可从不同尺度全面描述结构面信息。朱小明进行了含一阶和二阶起伏体结构面剪切强度的试验研究[167]，试验结果表明二阶微凸体对结构面峰值抗剪强度也有贡献，在考虑结构面峰值抗剪强度时不能忽略高阶微凸体的影响。粗糙度指标 AHD_0 本身考虑了结构面形貌起伏的特征，分形维数越大，结构面形貌含有更多的复杂精细的结构，在法向应力存在时尤其是法向应力较大时，分形维数越大的结构面越容易磨损。由此可推断，在粗糙度指标 AHD_0 一定的情况时，结构面分形维数越大其峰值抗剪强度越小。为了试验验证粗糙度指标 D_{AHD} 与结构面峰值抗剪强度的相关性，分别将试验所得结构面峰值抗剪强度与法向应力比值和粗糙度指标 D_{AHD} 的关系绘制于直角坐标系中，见图 5-2。

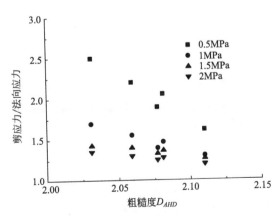

图 5-2　结构面峰值抗剪强度与法向应力比值和粗糙度指标 D_{AHD} 的关系图

由图 5-2 可知在相同法向应力情况下，结构面峰值抗剪强度与法向应力比值和粗糙度指标 D_{AHD} 近似成反比，并且大致为线性关系。不同法向应力直线的斜率不同，这是因为不同法向应力影响了结构面的峰值膨胀角变化趋势。总体来说结构面峰值抗剪强度与法向应力比值随着粗糙度指标 D_{AHD} 增大而减小，表明结构面峰值抗剪强度与粗糙度指标 D_{AHD} 表现出良好的相关性。

对于研究对象为耦合结构面的峰值抗剪强度影响因素，由于试件为水泥砂浆复制品，试验是在相同温度含水率条件下进行，同时由于制作养护后马上进行结构面剪切试验，结构面表面也是未风化的，因此影响结构面峰值抗剪强度的主要因素为结构面岩壁材料力学性质、法向应力、结构面形貌粗糙度特征。此外对于其他含有不同耦合度以及含有不同填充情况的结构面峰值抗剪强度可进一步试验研究确定。

5.2 考虑三维形貌的结构面峰值抗剪强度模型

5.2.1 抗剪强度模型的建立

对于没有填充物的耦合结构面，其峰值抗剪强度由两部分组成。其中一部分是由结构面基本摩擦角影响，与结构面类型有关。另一部分由峰值摩擦角影响，该部分为粗糙结构面剪胀效应以及剪断效应产生的结构面抵抗力，与结构面类型、法向应力、结构面粗糙度效应有关。综合考虑上述两种影响的最简化的强度模型为 Patton 模型，然而 Patton 公式并没有考虑峰值膨胀角随着法向应力变化而变化的特点。事实上岩石结构面受剪切作用时，随着法向应力的变化岩石结构面基本摩擦角不变而峰值膨胀角会变化从而引起剪切强度的变化。因此研究结构面抗剪强度的重点是如何表征峰值膨胀角。Barton 通过 JRC 与 JCS 两个参数来预测峰值膨胀角，本文也尝试由三维粗糙度指标与岩石单轴抗压强度 σ_c 来预测各法向应力情况下峰值膨胀角。

为此需提出一个描述峰值膨胀角随法向应力变化的函数，该函数满足下述边界条件：当法向应力趋近于零时，峰值膨胀角趋近初始膨胀角；当法向应力趋近于无穷大时，峰值膨胀角趋近 0。

$$\sigma_n \to 0 \Rightarrow i = i_{p0} \quad \sigma_n \to \infty \Rightarrow i = 0 \tag{5-1}$$

式中，i_{p0} 为初始膨胀角；σ_n 为法向应力。

研究表明[123-124]结构面峰值膨胀角随着法向应力增大而减小，同时 Barton 和 Choubey[64] 研究指出结构面峰值抗剪强度与结构面的抗压强度和法向应力的比值有关。结合式（5-1）边界条件，峰值膨胀角可由下述形式的函数预测：

$$i = i_{p0} \frac{(\sigma_c/\sigma_n)}{b + (\sigma_c/\sigma_n)} \tag{5-2}$$

式中，σ_c 为单轴抗压强度；b 为试验所待定系数。

峰值膨胀角由 i_{p0} 开始随着法向应力增加而衰减到 0。对于确定岩石种类的结构面，初始膨胀角仅与表面形貌有关。由文献[64]可知 i_{p0} 仅与 JRC 有关，Kusumi[172] 利用一个统计公式基于结构面形貌来预测初始膨胀角。结构面破坏模式可分为剪胀破坏与剪断破坏，新提出的粗糙度指标反映了这一力学过程，因此表示峰值膨胀角的公式中应存在粗糙度指标项。本文提出的粗糙度指标 AHD_0 与粗糙度指标 D_{AHD} 也可反映结构面形貌粗糙度特征，并且粗糙度指标 AHD_0 的实质就是对剪切强度有贡献的微凸体平均坡度角。考虑到结构面峰值抗剪强度与粗糙度指标 AHD_0 成正相关，与粗糙度指标 D_{AHD} 呈负相关。因此可构造下式来预测峰值膨胀角：

$$i_{p0} = \frac{a}{\sqrt{D_{AHD} - 1}} AHD_0 \tag{5-3}$$

进而可得峰值抗剪强度模型为：

$$\tau = \sigma_n \tan\left[\varphi_b + \frac{a}{\sqrt{D_{AHD} - 1}} AHD_0 \frac{(JCS/\sigma_n)}{b + (JCS/\sigma_n)} \right] \tag{5-4}$$

式中，JCS 为结构面岩壁强度；a 与 b 为试验数据回归拟合参数。研究试样为未风化的结构面，结构面岩壁新鲜强度未下降，因此结构面岩壁强度取完整岩块单轴抗压强度。影响结构面峰值抗剪强度的因素很多，还包括结构面的接触状态，结构面风化情况，结构面填充物与含水率情况，这些因素都难以定量表达。式 (5-4) 抓住了影响峰值抗剪强度的主要因素，其他因素通过拟合系数 a 与 b 来体现。

新建立的抗剪强度模型为剪胀模型，其中摩擦角由两部分组成，一部分为结构面基本摩擦角，另一部分为结构面峰值膨胀角。峰值膨胀角表达式物理意义清晰，反映了峰值膨胀角由初始膨胀角开始随着结构面法向应力的增大而减小的规律。模型的实质还为 Patton 剪胀型模型，较之改进的地方在于引入了可反映结构面强度特征的三维粗糙度和反映膨胀角随法向应力变化的趋势。新模型以耦合结构面为研究对象，同时不考虑结构面的填充物的存在。存在的拟合项 a、b 反映了其他因素的影响，如温度、含水率等。模型物理意义明确，形式简单，在获取结构面基本力学参数以及结构面三维形貌信息的基础上，结构面的峰值抗剪强度可由该模型快速计算得到。

5.2.2 峰值抗剪强度模型试验验证

通过 20 组结构面剪切试验数据回归分析可得，$a = 4.9$，$b = 16.4$。因此抗剪强度模型为：

$$\tau = \sigma_n \tan\left[\varphi_b + \frac{4.9}{\sqrt{D_{AHD} - 1}} AHD_0 \frac{(JCS/\sigma_n)}{16.4 + (JCS/\sigma_n)} \right] \tag{5-5}$$

为验证峰值抗剪强度新模型的合理性，以及应用新模型预测结构面峰值抗剪强度的有效性。表 5-1 对比了峰值抗剪强度的试验结果、新模型计算结果以及 Barton 公式计算结果。其中 Barton 公式中参数 JRC 是由 Tse 建立的公式确定[40]。

结构面峰值抗剪强度试验结果与计算结果　　　　　　　　　　表 5-1

编号	σ_n (MPa)	峰值抗剪强度（MPa）			编号	σ_n (MPa)	峰值抗剪强度（MPa）		
		试验值	新模型计算值	Barton 计算值			试验值	新模型计算值	Barton 计算值
1-0.5	0.5	1.10	1.02	0.74	3-1.5	1.5	2.05	1.97	1.86
1-1	1	1.55	1.60	1.28	3-2	2	2.55	2.38	2.32
1-1.5	1.5	2.10	2.07	1.76	4-0.5	0.5	0.81	0.77	0.81
1-2	2	2.60	2.48	2.21	4-1	1	1.30	1.31	1.36
2-0.5	0.5	0.95	0.89	0.77	4-1.5	1.5	1.90	1.75	1.86
2-1	1	1.40	1.45	1.32	4-2	2	2.40	2.15	2.32
2-1.5	1.5	2.00	1.91	1.81	4-0.5	0.5	1.25	1.23	0.89
2-2	2	2.50	2.32	2.27	4-1	1	1.70	1.83	1.47
3-0.5	0.5	1.03	0.93	0.81	4-1.5	1.5	2.15	2.30	1.99
3-1	1	1.47	1.50	1.37	4-2	2	2.70	2.71	2.46

为使三种结果对比较为直观展示，三种结果的柱状图见图 5-3。

从图 5-3 可知新模型计算结果更接近于试验结果，表明本文所提结构面峰值抗剪强度新模型具有一定的合理性，通过新的粗糙度指标结合新模型预测结构面峰值强度较为可靠。将 Barton 计算结果与试验结果对比可见大部分 Barton 计算结果低于试验结果，仅有 2 组结构面计算值大于试验值。出现这种现象原因可能是通过 2 维剖面线计算结构面时由于粗糙度信息量较少，结构面形貌很多粗糙度特征不能充分捕捉到。也有专家提出 Barton 计算结果小于试验结果的原因是 Barton 公式本身在低法向应力下预测结果偏低[92]。在本文试验条件下，采用新模型预测结构面峰值抗剪强度较 Barton 公式更为可靠。

为进一步分析新模型计算结果与 Barton 公式计算结果和试验结果之间的误差，将全部结构面峰值抗剪强度计算值（新模型计算值与 Barton 公式计算值）与试验值绘制于直角坐标系，见图 5-4。坐标系中横坐标为结构面峰值抗剪强度试验值，纵坐标为两种模型计算结果。图中蓝色直线为计算结果与试验结果相等的位置区域，当试验结果-公式计算结果离散点越靠近蓝色直线区域则代表计算结果越接近试验结果。由图 5-4 可直观看出 Barton 公式与新模型计算结果均分布在蓝色直线附近，表明两种模型均能较好的计算得到结构面峰值抗剪强度。然而

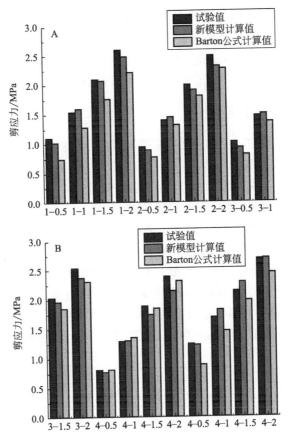

图 5-3 结构面计算所得与试验所得峰值抗剪强度对比图

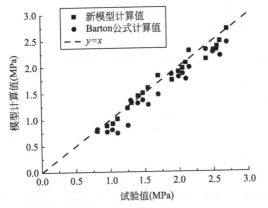

图 5-4 峰值抗剪强度的试验结果、新模型计算结果
以及 Barton 公式计算结果对比图

有一半新模型计算值的离散点落在了蓝色直线上，其他离散点也落在了直线附近，表明新模型计算结果精度较高。而 Barton 公式计算的离散点大部分位于蓝色直线的下方，表明 Barton 公式计算结果小于试验结果。新模型与 Barton 公式结果对比发现，新模型与试验结果误差相对较小。

5.2.3 新模型简化模型

采用新模型预测峰值抗剪强度需要知道两个粗糙度指标 AHD_0 与 D_{AHD}，计算 AHD_0 时可在采样间距为 1mm 情况下计算结构面粗糙度 AHD 指标，该过程只需要一步即可获取。计算 D_{AHD} 时需要获取至少两个采样间距的 AHD 指标数值，并且需要进行拟合工作才能求得指标 D_{AHD}。相对于 AHD_0 来说，指标 D_{AHD} 的测量较为麻烦。朱小明[167] 进行了含一阶和二阶起伏体结构面剪切强度的试验研究，通过含有一阶与二阶微凸体结构面的剪切试验结果表明，二阶微凸体对结构面峰值抗剪强度也有贡献，但是高阶微凸体相对于一阶与二阶微凸体来说对强度的贡献较小。同时由粗糙度计算结果可知，对于一般自然结构面，D_{AHD} 变化范围较小。那么是否可在模型中去掉粗糙度指标 D_{AHD} 项而将粗糙度指标 D_{AHD} 的影响通过调整 ab 拟合系数来考虑。为此构造下列简化模型见式：

$$\tau = \sigma_n \tan\left[\varphi_b + aAHD_0 \frac{(JCS/\sigma_n)}{b + (JCS/\sigma_n)}\right] \tag{5-6}$$

通过 20 组结构面剪切试验结果回归分析可得 $a=4.8$，$b=16.4$。

则新模型可简化为：

$$\tau = \sigma_n \tan\left[\varphi_b + 4.8AHD_0 \frac{(JCS/\sigma_n)}{16.4 + (JCS/\sigma_n)}\right] \tag{5-7}$$

对比分析式（5-5）与（5-7）可知模型简化后仅拟合系数 a 由 4.9 变为 4.8，而系数 b 并没有变化。这一特点可验证上述猜想：粗糙度指标 D_{AHD} 对结构面峰值抗剪强度影响较小，可调整拟合系数来考虑其影响。为进一步验证上述假设，将新模型简化计算结果与试验结果和 Barton 公式结果对比见图 5-5。由图 5-5 可知，新模型简化计算结果与试验结果也是较为接近。

为进一步分析新模型、新模型简化模型、Barton 公式和试验值之间的误差，将全部结构面峰值抗剪强度计算值（新模型计算值、新模型简化模型计算值与 Barton 公式计算值）与试验值绘制于直角坐标系见图 5-6。由图 5-6 可知新模型计算结果、新模型简化模型计算结果、Barton 公式计算结果均分布在蓝色直线附近，表明三种模型均能较好的预测结构面峰值抗剪强度。定量分析新模型与新模型简化计算结果与试验结果的标准偏差可见新模型较新模型简化结果标准偏差小，可知新模型简化后其计算精度有所降低但由于所需参数减小计算较为方便。定量分析 Barton 公式与新模型简化计算结果与试验结果的标准偏差可见新模型

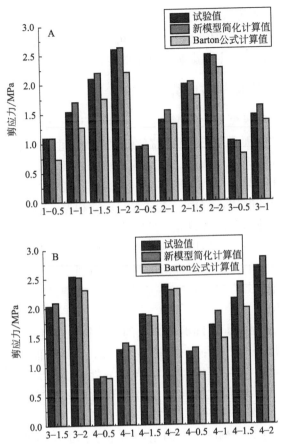

图 5-5　结构面计算所得与试验所得峰值抗剪强度对比图

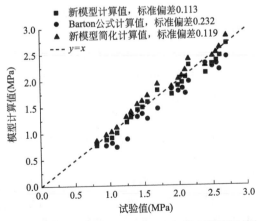

图 5-6　峰值抗剪强度的试验结果、新模型简化计算结果
以及 Barton 公式计算结果对比图

简化结果较 Barton 公式标准偏差小，可知新模型简化结果精度虽然有所下降但是还是比 Barton 公式结果偏差小。由此也可验证粗糙度指标 D_{AHD} 对结构面峰值抗剪强度影响较小，对其主要影响的是粗糙度指标 AHD_0。

5.2.4 峰值抗剪强度的各向异性特征

由新模型以及新模型简化模型可知，结构面抗剪强度是受结构面三维粗糙度特征影响的。结构面形貌三维特征存在明显的空间异性性质，因此结构面峰值抗剪强度也存在各向异性效应。在结构面剪切试验中，对于某个具体的试块而言，剪切只存在与某一个特定的方向，一旦结构面经受剪切后其形貌会发生不同程度的不可逆的磨损，因而一次试验只能获得某一特定方向的结构面剪切强度。然而结构面剪切方向可以是 360° 的任意方向，某一特定剪切方向的试验剪切强度并不能很好的代表结构面剪切特征，因此在工程中往往需要知道最不利剪切强度方向或某个特定剪切方向的峰值抗剪强度。在获取结构面形貌特征的基础上，本文所提出的结构面峰值抗剪强度新模型具有预测各个剪切方向峰值抗剪强度的能力。

通过新模型计算结构面不同剪切方向的峰值抗剪强度见图 5-7，其剪切方向规定与第 3 章剪切方向定义相同。由图 5-7 可知，各结构面峰值抗剪强度表现出不同程度的各向异性，其中结构面 2、3 各向异性程度不大而结构面 5 各向异性性质最明显。试验所得峰值抗剪强度（90°剪切方向）并不是每个结构面峰值抗剪强度最大值与最小值。对于结构面 1，当结构面法向应力为 0.5MPa 时其峰值抗剪强度最大值约为 1.57MPa，方向角约为 165°；最小值约为 0.69MPa，方向角约为 315°。对于结构面 2，当结构面法向应力为 0.5MPa 时其峰值抗剪强度最大值约为 1.2MPa，方向角约为 0°；最小值约为 0.81MPa，方向角约为 240°。对于结构面 3，当结构面法向应力为 0.5MPa 时其峰值抗剪强度最大值约为 1.17MPa，方向角约为 165°；最小值约为 0.77MPa，方向角约为 270°。对于结构面 4，当结构面法向应力为 0.5MPa 时其峰值抗剪强度最大值约为 1.12MPa，方向角约为 285°；最小值约为 0.79MPa，方向角约为 105°。对于结构面 5，当结构面法向应力为 0.5MPa 时其峰值抗剪强度最大值约为 1.67MPa，方向角约为 45°；最小值约为 0.68MPa，方向角约为 240°。因此通过所提峰值抗剪模型可以方便求得各结构面峰值抗剪强度最大值与最小值。此外进一步分析结构面不同方向峰值抗剪强度雷达曲线可发现结构面峰值抗剪强度沿方向角是连续变化的，孙辅庭[88] 研究发现结构面峰值抗剪强度最大值与最小值的剪切方向大致相差 90°，而本文并没有得出这个规律。结构面峰值抗剪强度与结构面形貌三维特征有关，不同的结构面有不同的方向特征，剪切强度最大值与最小值方向具有随机性。

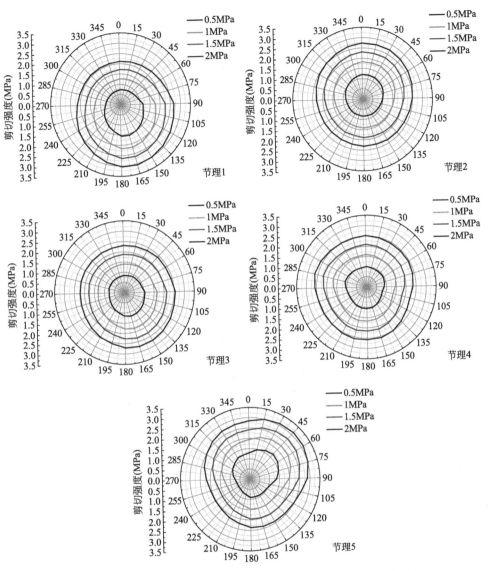

图 5-7　由新模型所得结构面不同剪切方向与法向应力条件下的峰值抗剪强度

5.3　含空腔结构面峰值抗剪模型

　　第 4 章对 2 种不同结构面形貌含有 4 种空腔率的水泥砂浆结构面进行了 8 组定法向荷载条件下的直剪试验，研究结果表明结构面峰值抗剪强度随着结构面空腔率的增加而减小。为定量分析剪切强度与空腔率之间的关系，本节研究了结构面 2、3 含有不同空腔率所得峰值抗剪强度随空腔率的变化趋势。由于结构面 2、3 在没有空腔时其剪切强度大致一样，在有空腔时其变化规律也近似，所以在探求空腔率影响峰值抗剪强度规律的过程中按照同一试验结果进行分析。由图 5-8 可知在一定空腔率范围内，结构面峰值抗剪强度与空腔率近似成直线变化关系。

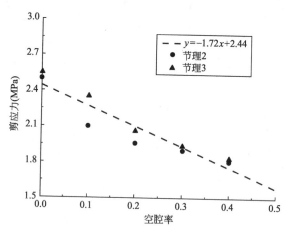

图 5-8　含空腔结构面剪切应力与空腔率关系图

在耦合结构面峰值抗剪强度公式的基础上考虑空腔率的存在对结构面强度的降低，得到含有空腔率的结构面峰值抗剪模型：

$$\tau = \sigma_n \tan\left[\varphi_b + \frac{4.9}{\sqrt{D_{AHD}-1}} AHD_0 \frac{(JCS/\sigma_n)}{16.4 + (JCS/\sigma_n)}\right](-1.7k + 2.4) \quad (5\text{-}8)$$

式中，k 为结构面空腔率。

将式（5-8）计算结果与试验结果对比见图 5-9。由图 5-9 可知计算结果与试验结果较为接近。

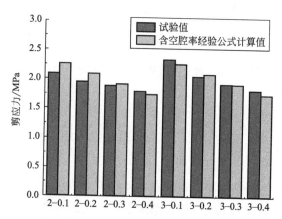

图 5-9　含空腔率结构面计算所得与试验所得峰值抗剪强度对比图

　　含空腔结构面计算模型（式 5-8）仅仅是在耦合结构面计算模型基础上多考虑了空腔率的影响并通过拟合试验数据得到的经验的关系，然而该经验公式没有揭示结构面空腔影响结构面峰值抗剪强度的物理机理。本节认为结构面空腔率影响了结构面粗糙度的特征，该粗糙度是广义的接触结构面的等效粗糙度，其计算方法仍按式（2-6）计算，差别之处在于空腔部分形貌纵坐标可设为结构面平均高度。为研究含空腔形貌面的粗糙度，通过覆盖结构面 2、3 相应位置信息获取了含空腔率结构面三维形貌数据，含粗糙结构面的形貌见图 5-10。

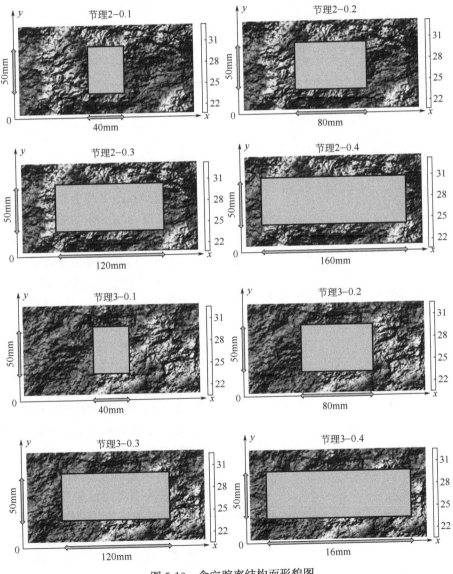

图 5-10　含空腔率结构面形貌图

103

计算含有空腔结构面的粗糙度指标 AHD_0 的结果见表 5-2，粗糙度指标 D_{AHD} 的结果见表 5-3。

含空腔率结构面粗糙度指标 AHD_0 表 5-2

结构面号		2-0.1	2-0.2	2-0.3	2-0.4	3-0.1	3-0.2	3-0.3	3-0.4
不同方向的 AHD 值	方向 1	7.38	6.61	5.8	4.51	7.23	6.19	5.38	4.7
	方向 2	5.85	5.04	4.35	4	5.67	5.1	4.36	3.57
	方向 3	7.88	6.94	6.03	5.16	6.21	5.55	4.74	3.99
	方向 4	6.24	5.62	4.89	4.09	7.56	6.53	5.65	4.81

含空腔率结构面粗糙度指标 D_{AHD} 表 5-3

结构面号		2-0.1	2-0.2	2-0.3	2-0.4	3-0.1	3-0.2	3-0.3	3-0.4
不同方向的 D_{AHD} 值	方向 1	2.057	2.051	2.045	2.058	2.079	2.082	2.076	2.062
	方向 2	2.111	2.106	2.095	2.076	2.096	2.092	2.091	2.083
	方向 3	2.061	2.054	2.042	2.022	2.102	2.092	2.086	2.078
	方向 4	2.106	2.089	2.078	2.052	2.072	2.069	2.060	2.050

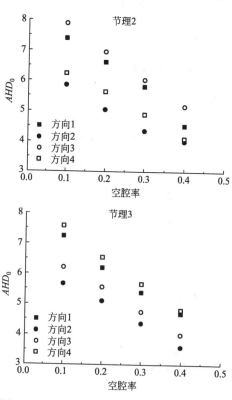

图 5-11 粗糙度指标 AHD_0 与空腔率关系图

为直观显示含四个方向的空腔结构面粗糙度与空腔率的关系，将所得结果在直角坐标系中显示见图 5-11。

由图 5-11 发现随着空腔率的增加 AHD_0 呈现降低的趋势，表明可以通过空腔的变化来反映结构面粗糙度的变化，进而反映不同的接触状态。由表 5-3 可知随着空腔率的增加，D_{AHD} 大体呈现降低的趋势。粗糙度指标 D_{AHD} 对结构面峰值抗剪强度影响较小，主要影响抗剪强度的是粗糙度指标 AHD_0。随着空腔率的增加 AHD_0 呈现降低的趋势，结合新模型简化模型推测结构面峰值抗剪强度也会降低。这种关系可定性解释试验结果：随着空腔率的增加，结构面峰值抗剪强度减小。为此可以提出以下假设：空腔率影响结构面峰值抗剪强度实质是由于空腔率影响了结构面粗糙度。

该假设成立的关键是看这种关系是否可以定量解释试验结果。为验证上述猜想的正确性，将使用耦合结构面模型（式5-7）计算结果（粗糙度按照有空腔率结构面选取）与试验结果对比见图5-12。由图5-12可知，耦合结构面模型计算结果与试验结果也是较为接近。

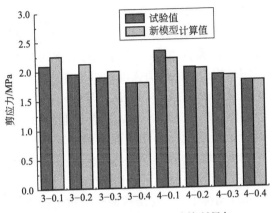

图5-12　含空腔率结构面计算所得与
试验所得峰值抗剪强度对比图

为进一步分析耦合结构面峰值抗剪强度计算模型（粗糙度取含空腔率数值）和含空腔率峰值抗剪强度试验值之间的误差，将全部模型计算值与试验值绘制于直角坐标系见图5-13，计算结果均分布直线附近，表明耦合结构面峰值抗剪强度计算模型能较好得到含空腔率结构面峰值抗剪强度。可验证空腔率影响结构面峰值抗剪强度的实质是结构面粗糙度的变化。

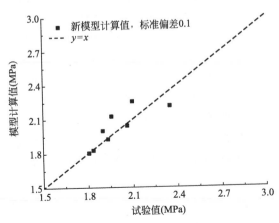

图5-13　含空腔率结构面计算所得与
试验所得峰值抗剪强度对比图

5.4 本章小结

基于试验结果，本章对结构面峰值抗剪强度模型进行了研究，主要成果如下：

（1）结合结构面剪切试验成果，分析了影响结构面峰值抗剪强度的影响因素，主要包括法向应力、岩石结构面形貌特征、结构面岩壁强度、完整岩石类型、结构面接触状态、结构面含水率、结构面充填物的厚度以及充填类型等因素，并对这些因素影响结构面峰值抗剪强度的机理进行了探讨。在理论分析与试验结果的基础上，试验验证粗糙度指标 AHD_0 与 D_{AHD} 对结构面峰值抗剪强度有明显的影响：粗糙度指标 AHD_0 越大，D_{AHD} 越小则结构面峰值抗剪强度越大。

（2）提出了具有新粗糙度指标的结构面峰值抗剪强度模型，基于新模型与 Barton 公式计算了结构面峰值抗剪强度，与试验结果对比验证了新模型的有效性，而 Barton 公式在一定程度上低估了剪切强度。

（3）研究发现粗糙度指标 D_{AHD} 对结构面峰值抗剪强度的影响较小，在新模型基础上去掉含有粗糙度指标 D_{AHD} 项提出了一个简化模型。将新模型计算结果、简化计算结果与试验结果和 Barton 公式结果对比发现新模型简化后其计算精度较新模型有所降低但由于所需参数减小计算较为方便，新模型简化结果精度虽然有所下降，但是还是比 Barton 公式结果偏差小。

（4）结构面形貌三维特征存在明显的空间异性性质，进而结构面峰值抗剪强度也会存在各向异性。通过所提新模型计算了结构面在不同剪切方向时峰值抗剪强度，结构面峰值抗剪模型可以较好地表示出结构面剪切方向异性。

（5）针对含空腔结构面峰值抗剪强度，在耦合结构面峰值抗剪强度的基础上考虑空腔率的存在对结构面强度的降低，得到含有空腔率的结构面峰值抗剪强度模型。将含有空腔率经验公式计算结果与试验结果对比发现计算结果与试验结果较为接近。

（6）含空腔结构面计算模型仅仅是在耦合结构面计算模型上多考虑了空腔率的影响并通过拟合试验数据得到的经验的关系，然而该经验公式没有揭示结构面空腔影响结构面峰值抗剪强度的物理机理。通过定量分析试验结果得到空腔率影响结构面峰值抗剪强度实质是由于空腔率影响了结构面粗糙度。利用耦合结构面峰值抗剪模型也可以较为精确地计算含有空腔结构面的峰值抗剪强度。

第 **6** 章

结构面剪切变形模型研究

通过研究结构面剪切刚度与峰值位移可以获取结构面剪切变形性质。许多学者提出了不同的岩石结构面剪切强度经验公式，而对于剪切刚度也仅仅是从实验曲线上来描述，很少进行理论研究[173]。在地震与断层力学领域中，1983 年 Ruina 对 Dieterich 的理论进行了总结，提出了速度-状态依赖的摩擦本构关系，并提出断层的黏滑运动模型是弹簧-滑块模型，弹簧-滑块模型中弹簧刚度与摩擦面的刚度对地震的诱发有重要影响[20]。在速率相关的摩擦率中通过岩块结构面摩擦实验发现摩擦系数与滑动速度具有相关性，即与速度的对数近似成反比。摩擦系数在一定特征距离内随速度发生对数性的弱化表现了摩擦面的一些类似开尔文弹黏模型中的时间效应。戚承志研究发现岩石黏性系数与岩石结构面剪切刚度有一定的关系[27]。为此合理确定结构面剪切刚度对于揭示地震黏滑机制有重要意义。

张学良提出适用于计算机械结合部切向刚度的分形模型，通过试验与仿真计算共同表明结合部剪切刚度随着法向压力与分形维数增大而增大[174]。然而易成认为用分形维数的方法描述岩石表面的粗糙度存在些许问题，量测尺度太小的波状信息对岩石界面力学性能的影响已经很微弱，分形维数的描述方法可能适用于机械摩擦这种摩擦面比较精细的场合[28]。所以张学良提出的模型不能直接应用于岩石结构面剪切刚度计算。具体的研究还需考虑岩石本身的情况，例如脆性性质、不连续性等。Jing 通过直剪试验研究了不同剪切方向上剪切刚度与法向应力的关系，试验结果表明剪切刚度随法向应力的增加而呈抛物线形式增加。根据试验结果通过回归分析进一步提出了剪切刚度经验公式[124]。Barton 提出剪切刚度可由峰值抗剪强度除以峰值位移得到[63]，其中峰值剪切位移取为结构面长度的百分之一。上述两个经验公式通过总结试验结果给出，并未给出影响剪切刚度细观层次的解释。本文将从细观层次解释摩擦面剪切刚度随正应力变化关系，尝试在经典 GW 模型的基础上提出一种更加合理的摩擦模型。

Barton[64] 研究了长度为 225～2925cm 结构面试样剪切位移的特点，发现峰值剪切位移大约为沿剪切方向结构面长度的百分之一（$\delta \approx 0.01L$）。然而当结构面尺寸达到数米时，峰值位移小于结构面长度的百分之一，进一步研究提出了 $\delta = 0.004L^{0.6}$。Barton[63] 研究发现结构面粗糙度影响着结构面峰值位移，提出了考虑结构面长度与结构面粗糙度的峰值位移公式。Wibowo[175] 在结构面剪切试验中发现所测量的峰值剪切位移随着法向应力的增大而增大，并提出线性公式描述这一特征。Asadollahi[176] 提出的峰值位移公式考虑了粗糙度与法向应力的共同作用，但该公式难以体现峰值位移对粗糙度的敏感性。夏才初[177] 根据结构面剪切试验结果提出了考虑法向应力与粗糙度综合影响的公式，但公式是由规则结构面得出不能适用于自然结构面表面。因此应提出适用于自然结构面，可以合理地反映峰值剪切位移随粗糙度以及法向应力变化规律的峰值剪切位移公式。

6.1 剪切刚度模型

6.1.1 微凸体曲率半径为定值时的剪切刚度公式

Greenwood 和 Williamson（GW）模型[29] 假设所有微凸体为统一曲率半径的球形微凸体，高度排列随机分布，见图 6-1。

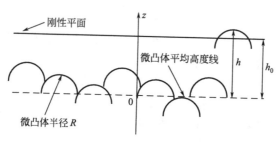

图 6-1　GW 模型

图 6-1 中假设各微凸体接触顶峰距离足够远，相邻微凸体变形独立，其位置分布可用微凸体顶点高度 z 的函数 $\phi(z)$ 来描述微凸体高度概率密度。自然形成的粗糙表面微凸体顶峰高度分布为：

$$\phi(z) = \left(\frac{1}{2\pi m^2}\right)^{1/2} e^{-\left(\frac{z^2}{2m^2}\right)}$$
(6-1)

式中，m 为微凸体顶点高度的均方根。

图 6-1 中虚线为微凸体平均高度线，平均高度线与刚性平面之间距离为 h_0。假设忽略微凸体之间的弹性相互作用，高于刚性平面的微凸体与刚性平面接触，接触深度为 $d = h - h_0$。根据赫兹理论，接触微凸体与刚性平面接触半径 $a = \sqrt{dR}$。

则单个微凸体的接触面积：

$$\Delta A = \pi a^2 = \pi dR = \pi(z - h_0)R$$
(6-2)

单个微凸体的作用力为：

$$\Delta F = \frac{4}{3} E^* R^{1/2} d^{3/2} = \frac{4}{3} E^* R^{1/2} (z - h_0)^{3/2} \tag{6-3}$$

式中，E^* 为等效弹性模量，R 为微凸体曲率半径。

若微凸体总数为 N_0，对上式所有微凸体积分，可以得到总接触面积和法向力分别为：

$$A = \int_{h_0}^{\infty} N_0 \phi(z) \pi R(z - h_0) \mathrm{d}z \tag{6-4}$$

$$F = \int_{h_0}^{\infty} N_0 \phi(z) \frac{4}{3} E^* R^{1/2} (z - h_0)^{3/2} \mathrm{d}z \tag{6-5}$$

则实际接触面积与压力的比值为：

$$\frac{A}{F} = \frac{\displaystyle\int_{h_0}^{\infty} N_0 \phi(z) \pi R(z - h_0) \mathrm{d}z}{\displaystyle\int_{h_0}^{\infty} N_0 \phi(z) \frac{4}{3} E^* R^{1/2} (z - h_0)^{2/3} \mathrm{d}z} \tag{6-6}$$

对式（6-6）无量纲化，则 $\zeta = z/m$ 并且 $\zeta_0 = h_0/m$，则有：

$$\frac{A}{F} = \frac{\displaystyle\int_{\zeta_0}^{\infty} \exp(-\zeta^2/2)(\zeta - \zeta_0) \mathrm{d}\zeta}{\displaystyle\int_{\zeta_0}^{\infty} \exp(-\zeta^2/2)(\zeta - \zeta_0)^{3/2} \mathrm{d}\zeta} \left(\frac{R}{m}\right)^{1/2} \frac{3\pi}{4E^*} \tag{6-7}$$

在典型的平均应力范围内 ζ_0 的取值范围 2.5～3.5[178]，在这个范围内 $s = $

$$\frac{\displaystyle\int_{\zeta_0}^{\infty} \exp(-\zeta^2/2)(\zeta - \zeta_0) \mathrm{d}\zeta}{\displaystyle\int_{\zeta_0}^{\infty} \exp(-\zeta^2/2)(\zeta - \zeta_0)^{3/2} \mathrm{d}\zeta}。$$

经 matlab 计算分析可知当法向应力处于典型应力范围内，S 在 1.4 左右少量变化，见图 6-2。

则可以很好地近似计算：

$$\frac{A}{F} = \left(\frac{R}{m}\right)^{1/2} \frac{3.3}{E^*} \tag{6-8}$$

则摩擦面等效接触半径：

$$a = \left(\frac{R}{m}\right)^{1/4} \left(\frac{F}{E^*}\right)^{1/2} \tag{6-9}$$

同时承受法向力与切向力的两微凸体接触，若两微凸体弹性性质不同，则在法向力作用下会使两微凸体

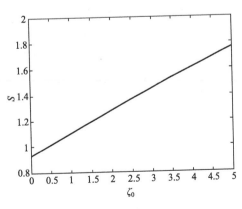

图 6-2　s-ζ_0 图

横向产生不同的变形从而影响切向应力的分布。本文研究的是上下性质相同的岩石结构面，所以法向应力与剪切应力引起的应力分布与变形可独立计算。

当微凸体同时承受切向力和法向力时，两个半球体在法向力 F_N 作用下被挤在一起，然后沿切向施加作用力 F_x。假设存在干摩擦，最大静摩擦力 $\tau_{\max}$ 等于动摩擦力 τ_k，动摩擦力等于法向应力乘以摩擦系数 μ[178]：

$$\tau_{\max}=\mu p,\tau_k=\mu p \tag{6-10}$$

黏着发生的条件为 $\tau \leqslant \mu p$。

若物体接触面完全黏着在一起，则法向应力和切向应力为[178]

$$p=p_0\left(1-\frac{r^2}{a^2}\right)^{1/2},F_N=2/3\pi p_0a^2 \tag{6-11a}$$

$$\tau=\tau_0\left(1-\frac{r^2}{a^2}\right)^{-1/2},F_x=2\pi\tau_0a^2 \tag{6-11b}$$

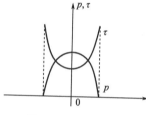

图 6-3 微凸体完全
黏着时应力分布

法向应力与切向应力分布见图 6-3。

由图 6-3 可知，两微凸体在接触边缘不满足黏滑的条件。事实上当微凸体在切向力和法向力同时作用时，可将微凸体圆形接触区域分为外滑动区与内黏着区[178]。

黏着区的位移为：

$$\mu_x=\frac{(2-\nu)\pi\mu p_0}{8Ga}(a^2-c^2) \tag{6-12}$$

对接触区域表面切向应力积分可得：

$$F_x=\frac{2\pi}{3a}\mu p_0(a^3-c^3) \tag{6-13}$$

式中，p_0 为接触圆域中心应力；G 为岩石剪切模量；a 为接触圆半径；c 为黏着区半径；ν 为泊松比。

当 $c=0$ 时，接触区开始滑动，此时：

$$\mu_x=\frac{(2-\nu)\pi\mu p_0a}{8G} \tag{6-14}$$

$$F_x=\frac{2\pi}{3}\mu p_0a^2 \tag{6-15}$$

则剪切刚度：

$$c_k=\frac{F_x}{\mu_x}=\frac{8}{3}G^*a \tag{6-16}$$

式中，等效剪切模量 $G^*=\frac{2G}{2-\nu}$。

由式（6-9）、式（6-16）可知粗糙面的切向刚度：

$$c_k=\frac{F_x}{\mu_x}=\frac{8}{3}G^*\left(\frac{R}{m}\right)^{1/4}\left(\frac{F}{E^*}\right)^{1/2} \tag{6-17}$$

由式（6-17）可知切向刚度随法向压力增大而增大，并随微凸体曲率半径增大而增大。GW 模型中假设微凸体曲率半径是不变的，这可很好解释如金属等低磨损材料的摩擦行为以及热力学行为[179]。岩石为易磨损材料，随着磨损程度变大微凸体的曲率半径会增大。本文尝试在 GW 模型基础上通过提出一个考虑微凸体曲率半径变化的模型来解释岩石材料的磨损行为。

6.1.2　考虑微凸体曲率半径变化的岩石结构面剪切刚度模型

微凸体在法向力 P 作用下，中心轴位置处应力分布为：[180]

$$\left.\begin{array}{l} \sigma_x = \sigma_y = \dfrac{3P}{2\pi a^3}\left[(1+\upsilon)\left(z\tan^{-1}(a/z) - a\right) + \dfrac{a^3}{2(a^2+z^2)}\right] \\ \tau_{xy} = \tau_{yz} = \tau_{zx} = 0 \end{array}\right\} \quad (6\text{-}18)$$

微凸体在切向力 Q 作用下，中心轴位置的应力分布为：[180]

$$\left.\begin{array}{l} \tau_{zx} = \dfrac{3Q}{2\pi a^3}\left[\dfrac{3}{2}z\tan^{-1}(a/z) - a + \dfrac{az^2}{2(a^2+z^2)}\right] \\ \sigma_x = \sigma_y = \sigma_z = \tau_{xy} = \tau_{yz} = 0 \end{array}\right\} \quad (6\text{-}19)$$

式（6-18）、式（6-19）中 x、y、z 坐标关系见图 6-4。

由式（6-18）、式（6-19）可知微凸体在对称轴的应力分布，结合 Mohr-Coulomb 准则比较 $\sigma - \xi\sigma_3$ 与 σ_c 大小可判断研究位置是否屈服。

Mohr-Coulomb 准则表达式：

$$\left.\begin{array}{l} \sigma_1 - \xi\sigma_3 = \sigma_c \\ \xi = \dfrac{1+\sin\varphi}{1-\sin\varphi}, \sigma_c = \dfrac{2c\cos\varphi}{1-\sin\varphi} \end{array}\right\}$$
$$(6\text{-}20)$$

式中，σ_c 为岩体的单轴抗压强度。

为研究不同摩擦系数岩石在法向力与摩擦力作用下的应力分布情

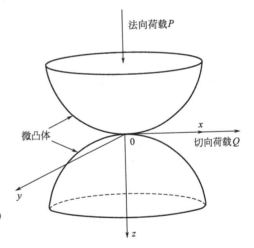

图 6-4　微凸体坐标轴方向

况，取岩石摩擦角 $\varphi = 30°$，则 $\xi = 3$，υ 为 0.3，$\mu = 0$、0.1、0.2、0.3、0.4、0.5、0.6、0.7，其中 $\mu = Q/P$。根据式（6-18）、式（6-19）计算出 σ_1、σ_2、σ_3 各主应力，通过 p_0 无量纲化得其沿深度 z/a 的变化情况见图 6-5。然后通过分析最大剪应力 $\sigma_1 - \sigma_3$ 与 $\sigma_1 - 3\sigma_3$ 的值（图 6-6）可以得到微凸体在法向压力与摩擦力作用下屈服位置。其中 p_0 为微凸体与平面接触圆域中心处正应力。

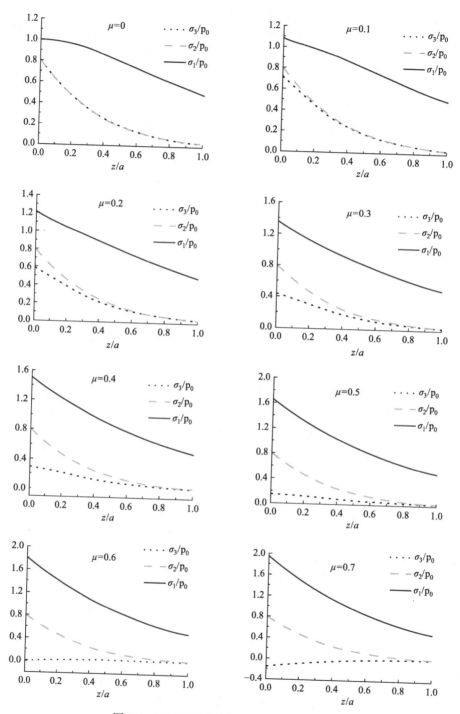

图 6-5　不同摩擦系数主应力随深度变化图

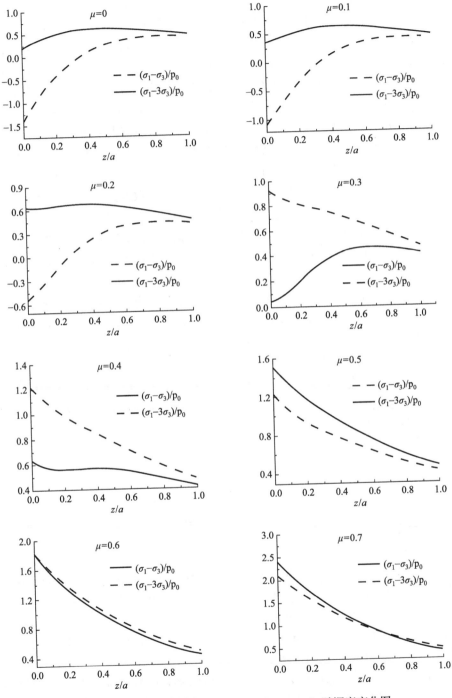

图 6-6　不同摩擦系数时 $(\sigma_1-\sigma_3)$、$(\sigma_1-3\sigma_3)$ 随深度变化图

根据 Tresca 准则与 Mohr-Coulomb 准则，当 $(\sigma_1-\sigma_3)/2$ 与 $\sigma_1-\xi\sigma_3$ 分别达到 σ_c 时相应位置屈服。由图 6-5 可知，当摩擦系数 $\mu=0$、0.1、0.2 时微凸体最大剪应力位于 $z/a=0.5$、0.48、0.46 处，其对应的最大剪应力值为 $0.3p_0$ 左右；当 $\mu=0.3$、0.4、0.5、0.6、0.7 时微凸体中心轴上最大剪应力位于接触面圆心位置。分析位置变化可知随着摩擦系数增大，剪应力最大位置会逐渐靠近接触面，这是由于随着切向力 Q 的增加，靠近接触面处剪应力增大幅度较大，远离接触面剪应力增幅较小，进而使最大剪应力位置逐渐靠近接触面。

Mohr-Coulomb 准则认为剪切破坏不一定发生在最大剪应力处，还应考虑压应力的影响。对 $\sigma_1-3\sigma_3$ 值分析可知当摩擦系数 $\mu=0$、0.1、0.2、0.3 时微凸体最大剪应力位于 $z/a=1$、0.9、0.7、0.5 处，其对应数值为 $0.4p_0$ 附近，当 $\mu=0.4$、0.5、0.6、0.7 时 $\sigma_1-3\sigma_3$ 最大值位于微凸体接触面圆心。$\sigma_1-3\sigma_3$ 最大值位置也是随着摩擦系数的增加越靠近接触面，原因与最大剪应力位置移动类似。

由以上分析可知 Mohr-Coulomb 准则所得屈服点位置较 Tresca 准则所得最先屈服点位置深。这是由于 Tresca 准则是以最大剪应力为判据，与压应力无关。Mohr-Coulomb 准则考虑了压应力对抗剪承载力的影响，当 $\mu=0.2$ 时最大剪应力位置 $z/a=0.46$，此时最大主应力还处于较大水平，由于压应力较大该位置对于岩石类材料还未破坏。由于 σ_1 随着 z 轴的深入变小，在 $z/a=0.7$ 位置时由于剪应力与压应力减小综合作用，根据 Mohr-Coulomb 准则该位置最先屈服。对于 $\mu=0.3$，$\sigma_1-3\sigma_3$ 值在 $z/a=0.5$ 处最大，最大值为 $0.5p_0$。所以在受压力与剪切力作用下，最先屈服位置在接触面下 $0.5a$ 处，此位置屈服时 $p_0=2\sigma_c$。

则由赫兹理论得临界压缩量：

$$d_c=\frac{\pi^2 R\sigma_c^2}{E^{*2}} \tag{6-21}$$

临界荷载：

$$F_c=\frac{4}{3}E^{*(-2)}R^2\pi^2\sigma_c^3 \tag{6-22}$$

由式 (6-22) 可知法向荷载与微凸体曲率半径 R 有关。

Jing 在岩石结构面循环剪切试验中发现在加载第一循环时，剪切位移曲线会发生黏滑震荡[124]。这是由于结构面高阶粗糙度发生不规则的破损，进入第二循环加载后曲线变平缓。然而 GW 模型以微凸体等曲率半径且均为弹性为假设，忽略了微凸体高阶粗糙面上的破损。为此本文提出一个存在高阶微凸体，含多层次曲率半径的粗糙面模型，见图 6-7。

在此模型中随着压力的增大，较高阶的微凸体会逐渐破损。破损岩体被剪切推到微凸体两侧不考虑破损岩体对剩余微凸体的影响。破损后的微凸体较上一级微凸体平缓，曲率半径变大。微凸体破损示意图见图 6-8。由式 (2-22) 分析可得

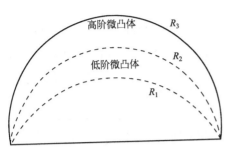

图 6-7　含多层次曲率半径的微凸体模型

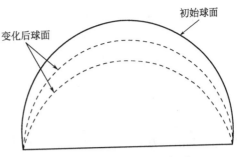

图 6-8　微凸体破损示意图

一个压力数值激发一个曲率半径，压力越大所激发的曲率半径越大。考虑到临界荷载下并不意味着微凸体破坏，式（6-22）只能定性说明随着 F 的增大所激发的半径增大。为定量表示出 F-R 之间的关系，所提的 R（F）函数应满足随着 F 增大 R 增大并且当 F 增大到一定程度 R 的增加速度变缓慢。因此可用双曲线形式函数对压力与激发半径的关系进行描述，双曲线形式如式（6-23）。

$$R = \frac{aF}{1+bF} \tag{6-23}$$

式中，a、b 为与摩擦面形貌、岩石性质有关的常数。当岩石种类确定后，a、b 仅与摩擦面粗糙度 m 有关。将式（6-23）带入式（6-17）可得考虑高阶微凸体破损的结构面剪切刚度公式：

$$c_k = \frac{F_k}{\mu_x} = \frac{8}{3} G^* \left(\frac{\dfrac{aF}{1+bF}}{m} \right)^{1/4} \left(\frac{F}{E^*} \right)^{1/2} \tag{6-24}$$

6.1.3　试验验证

　　Jing 通过直剪试验研究了不同剪切方向上剪切刚度与法向应力的关系[124]。考虑到不同试样应具有相同的岩石表面形貌，样品采用可塑性较好的混凝土材料制备。通过自然岩石表面作为底模浇筑混凝土来得到具有相同表面形貌的 48 组试件。试样为圆柱形，为防止剪切过程中试验出现错位，试验下盘结构面直径为 185mm，上盘结构面直径为 148mm。以下盘结构面圆心为中心，每隔 30° 测量表面形貌，

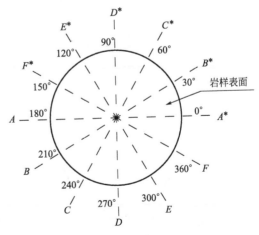

图 6-9　结构面形貌迹线方向规定

测量方向规定见图 6-9，所测形貌迹线见图 6-10。将 48 组试件在 12 个不同剪切方向进行试验，每个剪切方向分别进行 4 种不同法向荷载单调剪切试验。加载时首先缓慢施加法向荷载，当法向荷载增大到预定的压力后保持法向荷载恒定一分钟。然后在给定方向施加等速率的切向位移荷载（1mm/min）。当剪切荷载达到结构面残余剪切强度并保持稳定后停止试验。试验过程中记录剪切荷载与位移曲线，通过荷载位移曲线得到岩石切向摩擦（剪切）刚度。由于试样表面形貌各向异性，例如剪切方向 A-A^* 与 A^*-A 在相同压力下试验所得剪切刚度不一样，为方便说明问题，下文采用试验数据拟合时将 A-A^* 与 A^*-A 方向剪切试验结果都归为同一粗糙度处理。这样 12 种方向不同的试验被归为 6 种不同的剪切方向试验。

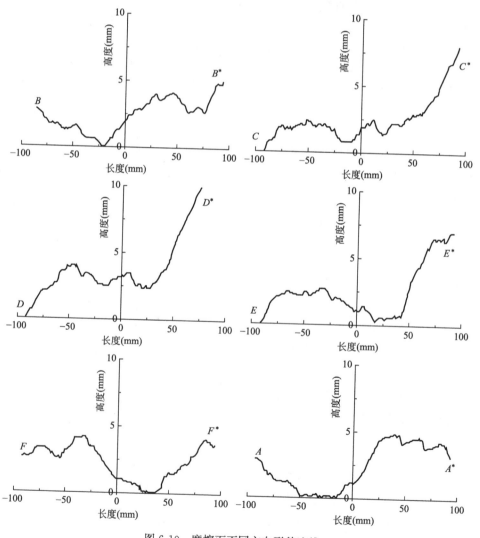

图 6-10　摩擦面不同方向形貌迹线

GW 模型中微凸体顶点连线形成表面形貌迹线，取微凸体间距为 1mm，则形貌线上纵坐标为微凸体高度数值分布，计算出高度均方根则为粗糙度 m。根据式（6-24），采用试验所得弹性模型 $E=24.4$GPa，泊松比为 0.26，以试验所得摩擦刚度与压力结果为基准点，拟合不同方向上摩擦刚度-压力曲线图见图 6-11，图 6-10 中形貌线 m 值及求得式（6-24）中 a、b 值见表 6-1。

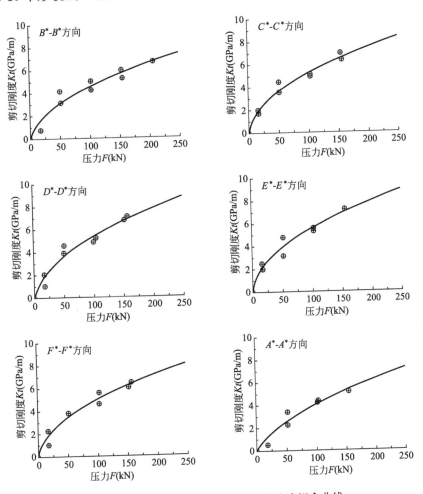

图 6-11　剪切刚度-压力试验与公式拟合曲线

不同剪切方向粗糙度 m 与对应的 a、b 值　　　　　　　　表 6-1

方向	B-B*	C-C*	D-D*	E-E*	F-F*	A-A*
m	1.260	1.720	2.770	1.890	1.220	1.640
a^(1/4)	0.060	0.097	0.086	0.122	0.071	0.044
b^(1/4)	0.080	0.107	0.079	0.124	0.088	0.051

由图 6-11 可见式（6-24）计算曲线与不同形貌下的剪切刚度-压力试验结果吻合度较好，计算结果很好地反映了剪切刚度随压力增大而增大的趋势。当试样确定后 a、b 与粗糙面对应，a、b 可以反映微凸体半径与压力的关系。由试验结果可知所提考虑微凸体曲率半径变化的 GW 改进模型是合理的。

根据式（6-23）计算不同压力所对应的微凸体曲率半径见图 6-12。

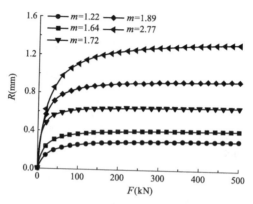

图 6-12　由公式计算得到的 R-F 曲线图

由图 6-12 可知对于相同的结构面，随着压力增大所激发半径越大，这种对应关系很好地解释了随着压力变大结构面被磨平的试验现象。当压力增大到一定程度，所激发半径增量变小甚至基本不变，这是由于在此种压力下结构面已接近平面，所以压力继续增大所激发的半径增量变小。由图 6-12 发现在一定的压力下随着粗糙度 m 变大，所对应的微凸体半径增大，这是由于粗糙度大的表面迹线更加尖锐，更容易在一定压力下磨平形成较平缓的微凸体。

6.2　峰值位移的影响因素

Barton[63] 峰值剪切位移公式：

$$\delta_p = \frac{L}{500} \left(\frac{JRC}{L} \right)^{0.33} \tag{6-25}$$

Barton 结构面峰值位移公式考虑了结构面长度与结构面粗糙度对结构面峰值剪切位移的影响，主要有以下不足。

（1）忽视法向应力对结构面峰值位移的作用。

Wibowo[175] 公式为：

$$\delta_p = a + b\sigma_n \tag{6-26}$$

体现出峰值位移随法向应力的增大而增大。

（2）公式中峰值位移与 JRC 成正比关系，这与 Asadollahi[176] 的研究不符，也与唐志成的研究不符。他们的研究中发现峰值位移随着结构面粗糙度增大而减少。

（3）当 $JRC=0$ 时，公式计算所得结构面峰值位移为 0，这明显与试验结果不符。

为说明峰值剪切位移随着 JRC 增大而减小的原因，本文将结构面剪切模型简化来探讨此问题。

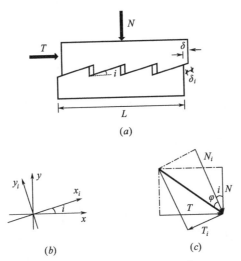

图 6-13　结构面剪切分析图
（a）结构面剪切简化模型；（b）坐标系；（c）N 与 N_i 关系图

图 6-13（a）中 i 为齿状结构面角度，φ 为基本摩擦角。整体与局部坐标系的关系见图 6-13（b）。根据图 6-13（c）可得：

$$N_i = N \frac{\cos(\varphi)}{\cos(\varphi + i)} \tag{6-27}$$

式中，N 与 N_i 分别为整体坐标系与局部坐标系的法向荷载。

由于：

$$\sigma = \frac{N}{L} \quad \sigma_i = \frac{N_i}{L_i} \quad L_i = \frac{L}{\cos(i)} \tag{6-28}$$

式中，σ、L 为整体坐标系下的法向应力、结构面长度；σ_i、L_i 为局部坐标系下的法向应力、结构面长度。

由式（6-27）、式（6-28）可得：

$$\sigma_i = \sigma \frac{\cos(\varphi)\cos(i)}{\cos(\varphi + i)} \tag{6-29}$$

为分析是否峰值剪切位移随着 JRC 的增大而减小，分析两种结构面满足下列情况：

(1) 两种都为齿状结构面。不同的角度：$0 < i_1 < i_2 < 90°$。

(2) 在 x_i 方向有相同的长度：$(L_i)_1 = (L_i)_2$。

(3) 在齿状面有相同的应力 $(\sigma_i)_1 = (\sigma_i)_2$。

由于 $0 < i_1 < i_2 < 90°$，结构面粗糙度系数根据 Tse 和 Cruden[40] 公式可知 $JRC_1 < JRC_2$。在局部坐标系下 x_i 方向为平直结构面，两种结构面粗糙度系数 JRC 都为 0，法向应力相同，结构面尺寸一致。则在 x_i 方向位移相同。

由于：

$$\delta = \delta_i \cos(i) \tag{6-30}$$

式中，δ、δ_i 分别为整体坐标与局部坐标系下的位移。

根据 $0 < i_1 < i_2 < 90°$ 以及式（6-30）可知：

$$\frac{\delta_1}{\delta_2} = \frac{(\delta_i)_1 \cos(i_1)}{(\delta_i)_2 \cos(i_2)} > 1$$

所以可得 JRC 越大，峰值位移越小。

夏才初[177] 提出规则齿状结构面峰值剪切位移公式：

$$\delta_p = L a e^{b\left(\frac{\sigma_n}{JCS}\right) \cos i} \tag{6-31}$$

该式全面考虑了法向应力、结构面壁强度、结构面尺寸、角度的影响。然而实际结构面并不是规则的结构面，应考虑粗糙度 JRC 的影响。

根据 Asadollahi[176] 的研究，可用下式来将规则结构面齿状角扩展到一般结构面形式：

$$i = JRC \log_{10}\left(\frac{JCS}{\sigma_n}\right) \tag{6-32}$$

则可得到适用于自然岩石结构面的峰值位移公式：

$$\delta_p = L a \exp\left[b\left(\frac{\sigma_n}{JCS}\right) \cos\left(JRC \lg\left(\frac{JCS}{\sigma_n}\right)\right) \right] \tag{6-33}$$

为验证公式（6-33）对于规则结构面峰值位移特征描述的合理性，本文采用夏才初[177] 进行的结构面峰值位移研究试验进行验证。试验中 3 组结构面在剪切方向长度为 150mm；粗糙度 JRC 分别为 0、10.36、20.23；结构面强度 JCS 为 18MPa。分别在法向应力为 0.5、1、1.5、2、3MPa 进行直剪试验。试验时法向加载方式为荷载控制，速率为 5kN/min，切向位移加载方式为位移控制，速率为 0.3mm/min。当剪切强度达到残余强度并达到稳定后试验结束，剪切过程中记录了剪切应力-剪切位移曲线。试验研究了法向荷载与粗糙度对结构面峰值位移的影响，结果与理论分析一致，具有一定的可信性。图 6-14 中数据点为试验值，曲线分别为公式（6-33）、Asadollahi、Barton 经验公式计算值。试验结果显示结构面峰值剪切位移与法向应力成正比，与粗糙度系数 JRC 成反比。但 Barton 经验公式所得峰值剪切位移与粗糙度系数 JRC 成正比；Asadollahi 经验公式计算值较试验值偏小；公式（6-33）与试验结果较吻合，在 $JRC=0$ 时吻合度也较好。

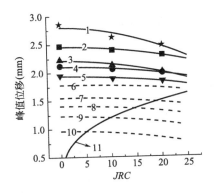

注：★■▲●▼分别为法向应力为 3、2、1.5、1、0.5MPa 试验结果；曲线 1、2、3、4、5 分别为法向应力为 3、2、1.5、1、0.5MPa 时公式（6-33）计算结果；曲线 6、7、8、9、10 分别为法向应力为 3、2、1.5、1、0.5MPa 时 Asadollahi 经验公式结果；曲线 11 为 Barton 公式计算结果。

图 6-14 结构面峰值位移试验结果[15] 与公式结果对比

Wibowo[175] 在伺服控制的剪切设备上进行了自然结构面剪切试验，试验中 F4 试样结构面尺寸为 7.6cm×15.2cm，结构面粗糙度 JRC 为 15.5，JCS 为 27.6MPa。试样分别在法向应力为 0.3、1.4、2.7、4、5.5MPa 进行直剪试验。试验时法向荷载加载方式为荷载控制，切向位移加载为位移控制，加载速率为 1mm/min。当剪切应力达到残余剪切应力后试验停止，试验过程中记录剪切应力-位移曲线。图 6-15 中数据点为试验值，曲线分别为公式（6-33）、Asadollahi、Barton 经验公式计算值。Barton 经验公式不能体现法向

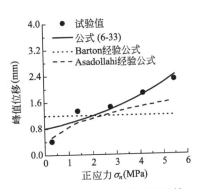

图 6-15 结构面峰值位移试验结果[13] 与公式结果对比

应力对峰值剪切位移的影响，公式（6-33）与 Asadollahi 经验公式可以反映结构面峰值位移随法向应力增大而增大的特征。公式（6-33）可以很好地描述试验结果，而 Asadollahi 经验公式计算值较试验值偏小。

公式（6-33）是含有拟合系数的经验公式，由图 6-14 与图 6-15 可知拟合精度较好。影响结构面峰值剪切位移的因素很多，还包括结构面的接触状态，结构面风化情况，结构面填充物与含水率情况，这些因素都难以定量表达。式（6-33）抓住了影响峰值剪切位移的主要因素，其他因素通过拟合系数来体现。

本文第3章试验结果也可以验证以上所提峰值抗剪位移模型，结果见下图6-16。

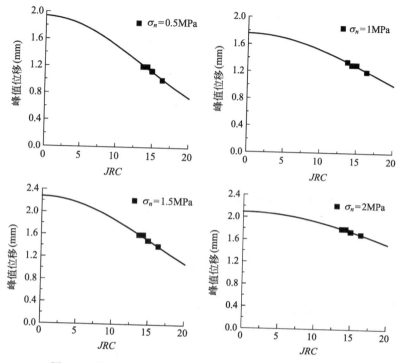

图6-16　第3章结构面峰值位移试验结果与公式结果对比

6.3　本章结论

本章研究了结构面剪切刚度与峰值抗剪位移，得到了以下五点结论：

（1）在经典赫兹接触理论与GW模型基础上考虑微凸体磨损提出了考虑微凸体曲率半径变化的GW改进模型，通过与试验结果对比验证了该模型在一定条件下是合理的。

（2）探讨了单个微凸体在法向压力与切向摩擦力作用下的屈服点位置，推导出了单个微凸体所能承受的临界压力公式。

（3）本文提出一个存在高阶微凸体，含多层次曲率半径的粗糙面模型，在此模型中随着压力的增大，较高阶的微凸体会逐渐破损。破损岩体被剪切推到微凸体两侧不考虑破损岩体对剩余微凸体的影响。破损后的微凸体较上一级微凸体平缓，曲率半径变大。

（4）提出了结构面剪切刚度模型，计算结果与不同形貌下的剪切刚度-压力试验结果吻合度较好，很好地反映了剪切刚度随压力增大而增大的趋势。当试样确定后 a、b 与粗糙面对应，a、b 可以反映微凸体半径与压力的关系。

（5）抓住法向应力与结构面粗糙度主要因素，提出了峰值位移经验公式。该经验公式适用于自然结构面，可以合理地反映峰值剪切位移随粗糙度以及法向应力的变化规律。

第7章

结论与展望

7.1 主要结论

本文以岩石结构面为研究对象，围绕结构面粗糙度以及剪切过程中结构面峰值抗剪强度、峰值剪切位移、剪切刚度，采用室内试验、理论分析与试验结合的方法，开展了结构面粗糙度研究、结构面粗糙度特征研究、结构面剪切强度研究、结构面剪切刚度研究、结构面剪切变形研究；进行了花岗岩结构面试样的三维形貌测量试验；同一形貌面不同应力边界条件、不同接触状态下的直剪试验。考虑岩石结构面的几何特征与结构面剪切强度的关系提出了新的三维粗糙度指标，在新的粗糙度指标基础上分析了岩石结构面粗糙度采样间距效应、尺寸效应以及各向异性效应。基于试验结果与新的粗糙度指标建立了岩石结构面峰值剪切强度模型。以赫兹理论为基础考虑了微凸体在剪切过程中曲率的变化，建立了结构面剪切刚度模型。以试验与理论分析为基础建立了结构面峰值位移模型。本文研究以结构面粗糙度特征研究为基础，以结构面粗糙度参数对剪切强度影响为核心，以建立结构面峰值抗剪强度模型、刚度模型、变形模型为目标系统开展了试验研究、模型构建、理论分析。得出主要结论如下：

（1）采用巴西劈裂试验获取了花岗岩劈裂结构面，通过三维扫描技术获取了结构面形态的高精度点云。将结构面微凸体等效为长方体微凸体，研究了不同几何参数微凸体对剪切强度的影响。微凸体剪胀破坏与剪断破坏两种不同模式对剪切强度影响不同，提出了基于等效高差的结构面三维粗糙度指标系统，其中平均等效高差表征了不同破坏形式的微凸体对强度的贡献，也可反映结构面的起伏方向性；分形维数表征了不同尺度粗糙度的关系，可从尺度上全面描述结构面粗糙度信息，并且也可表示剪切方向性。同时提出了获取粗糙度指标的建议方法，将三维粗糙度指标退化到二维情况，建立了新粗糙度指标与 JRC 之间的表达式。

（2）在新粗糙度指标基础上，基于 matlab 数值分析软件，研究了结构面形貌面粗糙度各向异性、粗糙度采样间距效应、粗糙各向异性度的采样间距效应、粗糙度的尺寸效应、粗糙各向异性度的尺寸效应。当剪切方向固定时，随着采样间距增大粗糙度指标在减小。当采样间距固定时随着剪切方向的变化而变化，表现出各向异性特点。同时随采样间距变化而改变的速率依赖于剪切方向。粗糙度

124

尺寸效应与结构面形貌本身特点有关，也与剪切方向有关，但不管哪种尺寸效应哪个剪切方向随着研究尺寸的增大，结构面粗糙度都会逐渐稳定。结构面各向异性度具有不同的尺寸效应，与结构面本身特点有关。虽然不同结构面各向异性度正负尺寸效应不同，但随着研究尺寸的增加，各向异性度会逐渐稳定。

（3）通过逆向建模得到了自然岩石表面的立体模型，结合 3D 打印技术制作出了与自然岩石表面一致的 PLA 模具，以 3D 打印获得的底模通过水泥砂浆浇筑了含有自然结构面形貌的相似结构面试样。然后进行了具有 5 组形貌面的 20 个水泥砂浆结构面在 4 种不同法向荷载情况下的结构面剪切试验，得到了结构面剪切位移-荷载曲线。5 种结构面经过剪切历程后形貌面出现不同程度的磨损，将 5 组磨损后的图片与结构面等效高差分布图对比发现磨损的范围与等效高差分布范围基本一致，并且在等效高差为蓝色区域较大且成片的区域磨损较为严重。等效高差图中蓝色区域对结构面抵抗剪切作用较为明显，同时表明基于等效高差分布所提的粗糙度指标具有一定的合理性。

对具有 2 种不同结构面形貌含有 4 种空腔率的水泥砂浆结构面进行了 8 组定法向荷载条件下的直剪试验。研究表明含空腔结构面剪切应力-位移曲线与耦合结构面剪切应力-位移曲线类似，结构面剪切强度随着结构面空腔率的增加结构面剪切强度在减小。

（4）结合结构面剪切试验结果与理论分析，探讨了影响结构面峰值抗剪强度的影响因素并对这些因素影响结构面峰值抗剪强度的机理进行了分析。在理论分析与试验结果的基础上验证了粗糙度指标对结构面峰值抗剪强度有明显的影响，提出一个描述峰值膨胀角随法向应力变化的函数，将新的粗糙度指标与峰值膨胀角结合提出了具有新粗糙度指标的结构面峰值抗剪强度模型，基于新模型与 Barton 公式计算了结构面峰值抗剪强度。针对含空腔结构面的峰值抗剪强度，在耦合结构面峰值抗剪强度的基础上考虑空腔率的存在对结构面强度的降低，得到含有空腔率的结构面峰值抗剪模型。含空腔结构面剪切强度计算模型仅仅是在耦合结构面计算模型上多考虑了空腔率的影响并通过拟合试验数据得到的经验关系，然而该经验公式没有揭示结构面空腔是如何影响结构面峰值抗剪强度的物理机理。通过定量分析试验结果得到空腔率影响结构面峰值抗剪强度实质是由于空腔率影响了结构面粗糙度。利用耦合结构面峰值抗剪模型也可以较为精确地计算含有空腔结构面的峰值抗剪强度。

（5）在经典赫兹接触理论与 GW 模型基础上考虑微凸体磨损提出了考虑微凸体曲率半径变化的 GW 改进模型。探讨了单个微凸体在法向压力与切向摩擦力作用下的屈服点位置，推导出了单个微凸体所能承受的临界压力公式。提出了结构面剪切刚度模型，计算与不同形貌下的剪切刚度-压力试验结果吻合度较好，很好地反映了剪切刚度随压力增大而增大的趋势。

抓住法向应力与结构面粗糙度主要因素，考虑结构面粗糙度与法向应力的影响，基于试验结果与回归分析提出了适用于自然岩石结构面的峰值位移经验公式。

7.2　研究展望

岩石结构面剪切性质是岩石力学领域基础科学问题，其问题复杂，应用领域广泛，是国际岩石力学研究关注的焦点。本文就岩石结构面峰值抗剪强度、峰值剪切位移、剪切刚度开展了一系列工作并初步获得了一定研究成果。但由于该问题的复杂性及试验条件和时间限制，针对岩石结构面剪切性质的课题研究仍然不够充分，还存在诸多问题需要进行深入的研究和探索，如：

（1）本文直剪试验是基于水泥砂浆复制品，其性质与天然岩石结构面可能存在一定的差距，因此在今后的工作中应进一步开展关于自然岩石结构面剪切试验来与现有成果进行对比。

（2）岩石结构面抗剪强度存在尺寸效应，关于尺寸效应的研究，仅仅是研究了粗糙度的尺寸效应。因此在以后工作中应进行不同尺寸的结构面剪切试验来与现有成果进行对比。

（3）本文直剪试验是定速率剪切试验，并未考虑剪切速率对结构面峰值抗剪强度、峰值剪切位移以及剪切刚度的影响。下一步工作应进行考虑剪切速率的结构面剪切性质研究。

（4）本文所提结构面粗糙度指标是为结构面抗剪强度服务的，可以通过该指标来预测结构面峰值抗剪强度。对于合理预测结构面峰值剪切位移也应该提出相应的能够反映剪切位移的粗糙度指标。下一步工作需从理论上分析影响结构面剪切位移的力学机制，从而提出相应的粗糙度指标。

▪ 参考文献 ▪

[1] 谷德振.岩体工程地质力学基础 [M].北京：科学出版社，1979.
[2] 张振宇，李豪杰，贾长恒，等.带有橡胶垫层混凝土接触摩擦特性的试验研究 [J].矿业科学学报，2018，3 (1)：20-28.
[3] 陶志刚，庞仕辉，张博，等.大尺度边坡岩体开裂解体破坏规律试验研究 [J].矿业科学学报，2016，1 (3)：222-227.
[4] 李涛，李冬晓，范开全，等.超大断面地下空间开挖对邻近桩基位移影响研究 [J].矿业科学学报，2017 (6)：529-538.
[5] 徐光黎，唐辉明，杜时贵.岩体结构模型与应用 [M].北京：中国地质大学出版社，1993.
[6] 孙书伟，王玉凯，庞博.一种岩质边坡结构面三维随机网络模拟方法 [J].矿业科学学报，2018，3 (5)：461-469.
[7] 杜时贵.结构面与工程岩体稳定性 [M].北京：地震出版社，2006.
[8] 李东，师素珍.基于地震属性的煤层裂隙发育带识别方法 [J].矿业科学学报，2017，2 (5)：425-431.
[9] Rodríguez C E, Bommer J J, Chandler R J. Earthquake-induced landslides: 1980-1997 [J]. Soil Dynamics & Earthquake Engineering, 1999, 18 (5): 325-346.
[10] 谢和平，陈忠辉，周宏伟，等.基于工程体与地质体相互作用的两体力学模型初探 [J].岩石力学与工程学报，2005，24 (9)：1457-1464.
[11] 师素珍，谷剑英，郭家成，等.顾桂矿区活断层三维地震解释及其发育特征研究 [J].矿业科学学报，2019，4 (4)：292-298.
[12] 张光斗.法国马尔帕塞拱坝失事的启示 [J].水力发电学报，1998 (4)：96-98.
[13] 王兰生.意大利瓦依昂水库滑坡考察 [J].中国地质灾害与防治学报，2007，18 (3)：145-148.
[14] 伍法权，刘彤，汤献良，等.坝基岩体开挖卸荷与分带研究——以小湾水电站坝基岩体开挖为例 [J].岩石力学与工程学报，2009，28 (6)：1091-1098.
[15] 祁生文，伍法权，庄华泽，等.小湾水电站坝基开挖岩体卸荷裂隙发育特征 [J].岩石力学与工程学报，2008，27 (s1)：2907-2912.
[16] 李朝政，沈蓉，李伟，等.小湾水电站坝基卸荷岩体抗剪特性研究 [J].岩土力学，2008，29 (s1)：489-494.
[17] 汤献良，冯汉斌，杨海江，等.小湾水电站枢纽区工程地质条件 [J].水力发电，2004，30 (10)：42-44.
[18] 周维垣.高等岩石力学. [M].北京：中国水利水电出版社，1990.
[19] Hudson J A, Harrison J P. Engineering Rock Mechanics [J]. Engineering Rock Mechanics, 1997, 59 (2): 173-191.
[20] Scholz C H. Earthquakes and friction laws [J]. Nature, 1998, 391 (391): 37-42.

[21] Matsu'Ura M, Kataoka H, Shibazaki B. Slip-dependent friction law and nucleation processes in earthquake rupture [J]. Tectonophysics, 1992, 211 (1-4): 135-148.

[22] Lapusta N, Liu Y, Chen T. Interaction of Earthquakes and Aseismic Slip: Insights From 3D Fault Models Governed by Lab-Derived Friction Laws [C]// AGU Fall Meeting. AGU Fall Meeting Abstracts, 2010.

[23] Matsu'Ura M, Kataoka H, Shibazaki B. Slip-dependent friction law and nucleation processes in earthquake rupture [J]. Tectonophysics, 1992, 211 (1-4): 135-148.

[24] Brace W F, Byerlee J D. Stick-slip as a mechanism for earthquakes. [J]. Science, 1966, 153 (3739): 990-992.

[25] Dieterich J H. Modeling of rock friction: 1. Experimental results and constitutive equations [J]. Journal of Geophysical Research Solid Earth, 1979, 84 (B5): 2161-2168.

[26] Ruina A. Slip instability and state variable friction laws [J]. Journal of Geophysical Research Solid Earth, 1983, 88 (B12): 10359-10370.

[27] Qi C, Wang M, Bai J, et al. Investigation into size and strain rate effects on the strength of rock-like materials [J]. International Journal of Rock Mechanics & Mining Sciences, 2016, 86: 132-140.

[28] 易成, 王长军, 张亮, 等. 基于两体相互作用问题的粗糙表面形貌描述指标系统的研究 [J]. 岩石力学与工程学报, 2006, 25 (12): 2481-2492.

[29] Greenwood J A. A Unified Theory of Surface Roughness [J]. Proceedings of the Royal Society of London, 1984, 393 (1804): 133-157.

[30] Berry M V, Hannay J H. Topography of random surfaces [J]. Nature, 1978, 273 (5663): 573-573.

[31] Sun Zongqi. Fracture mechanics and tribology of rocks and rock joints [J]. International Journal of Rock Mechanics and Mining Sciences & Geomechanics Abstracts, 1983, 20 (4), 102.

[32] Mulvaney D J, Newland D E, Gill K F. Identification of Surface Roughness [J]. ARCHIVE Proceedings of the Institution of Mechanical Engineers Part C Journal of Mechanical Engineering Science 1989-1996 (vols 203-210), 1985, 199 (4): 281-286.

[33] Wu T H, Ali E M. Statistical representation of joint roughness [J]. International Journal of Rock Mechanics & Mining Sciences & Geomechanics Abstracts, 1978, 15 (5): 259-262.

[34] Rudzitis J, Padamans V, Bordo E, et al. Random process model of rough surfaces contact [J]. Measurement Science & Technology, 1998, 9 (7): 1093-1097.

[35] Myers N O. characteristics of surface roughness. Wear, 1977, 26: 165-174.

[36] Yu X, Vayssade B. Joint profiles and their roughness parameters [J]. International Journal of Rock Mechanics & Mining Sciences & Geomechanics Abstracts, 1991, 28 (4): 333-336.

[37] Tatone B S A, Grasselli G. A new 2D discontinuity roughness parameter and its correlation with JRC [J]. International Journal of Rock Mechanics & Mining Sciences, 2010,

47 (8): 1391-1400.

[38] Wang Q. Study on determination of rock joint roughness by using elongation rate R. In: Proceedings of the undergoing constructions. Jinchuan, China; 1982.

[39] Barton N, Quadros E F D. Joint aperture and roughness in the prediction of flow and groutability of rock masses [J]. International Journal of Rock Mechanics & Mining Sciences, 1997, 34 (3-4): 252. e1-252. e14.

[40] Tse R, Cruden D M. Estimating joint roughness coefficients [J]. International Journal of Rock Mechanics & Mining Sciences & Geomechanics Abstracts, 1979, 16 (5): 303-307.

[41] Yang Z Y, Lo S C, Di C C. Reassessing the Joint Roughness Coefficient (JRC) Estimation Using Z2 [J]. Rock Mechanics & Rock Engineering, 2001, 34 (3): 243-251.

[42] Maerz N H, Franklin J A, Bennett C P. Joint roughness measurement using shadow profilometry [J]. International Journal of Rock Mechanics & Mining Sciences & Geomechanics Abstracts, 1990, 27 (5): 329-343.

[43] Mandelbrot B. How Long Is the Coast of Britain? Statistical Self-Similarity and Fractional Dimension [J]. Science, 1967, 156 (3775): 636-638.

[44] Mandelbrot B B, Wheeler J A. The Fractal Geometry of Nature [J]. American Journal of Physics, 1998, 51 (4): 468 p.

[45] Mandelbrot B B. Self-Affine Fractals and Fractal Dimension [J]. Physica Scripta, 1985, 32 (4): 257.

[46] Antoniades A C. The geometry of fractal sets [M]. Cambridge University Press, 1985.

[47] 肯尼思·法称科内. 分形几何中的技巧 [M]. 沈阳: 东北大学出版社, 1999.

[48] 谢和平. 分形: 岩石力学导论 [M]. 北京: 科学出版社, 1996.

[49] Carr J R, Warriner J B. Relationship between the Fractal Dimension and Joint Roughness Coefficient [J]. Environmental & Engineering Geoscience, 1989, 2758 (2): 253-263.

[50] 谢和平, 周宏伟. 基于分形理论的岩石理力学行为研究 [J]. 中国科学基金, 1998, 12 (4): 247-252.

[51] Gagnepain J J, Roques-Carmes C. Fractal approach to two-dimensional and three-dimensional surface roughness [J]. Wear, 1986, 109 (1-4): 119-126.

[52] Feder J. fractal [M]. New York: plenum press, 1988.

[53] Majumdar A, Tien C L. Fractal characterization and simulation of rough surfaces [J]. Aip Advances, 2015, 136 (1): 313-327.

[54] Stupak P R, Kang J H, Donovan J A. Fractal characteristics of rubber wear surfaces as a function of load and velocity [J]. Wear, 1990, 141 (1): 73-84.

[55] Brown C A, Savary G. Describing ground surface texture using contact profilometry and fractal analysis [J]. Wear, 1991, 141 (2): 211-226.

[56] Ganti S, Bhushan B. Generalized fractal analysis and its applications to engineering surfaces [J]. Wear, 1995, 180 (1-2): 17-34.

[57] Orey S. Gaussian sample functions and the Hausdorff dimension of level crossings [J].

Probability Theory & Related Fields, 1970, 15 (15): 249-256.

[58] Berry M V, Lewis Z V. On the Weierstrass-Mandelbrot Fractal Function [J]. Proceedings of the Royal Society of London, 1980, 370 (1743): 459-484.

[59] Malinverno A. A simple method to estimate the fractal dimension of a self - affine series [J]. Geophysical Research Letters, 2013, 17 (11): 1953-1956.

[60] Matsushita M, Ouchi S. On the self-affinity of various curves [J]. Physica D Nonlinear Phenomena, 1989, 38 (1-3): 246-251.

[61] Buzio R, Boragno C, Valbusa U. Contact mechanics and friction of fractal surfaces probed by atomic force microscopy [J]. Wear, 2003, 254 (9): 917-923.

[62] Kang M C, Kim J S, Kim K H. Fractal dimension analysis of machined surface depending on coated tool wear [J]. Surface & Coatings Technology, 2005, 193 (1-3): 259-265.

[63] Barton N. Review of a new shear-strength criterion for rock joints [J]. Engineering Geology, 1973, 7 (4): 287-332.

[64] Barton N, Choubey V (1997) The shear strength of rock joints in theory and practice. Rock Mechanics, 1977, 10 (1-2): 1-54.

[65] 孙辅庭, 佘成学, 万利台. Barton 标准剖面 JRC 与独立于离散间距的统计参数关系研究 [J]. 岩石力学与工程学报, 2014, 33 (s2): 3539-3544.

[66] 赵志鹏, 亓超. 基于 Barton JRC-JCS 模型的岩石结构面粗糙度表述新方法 [J]. 四川水泥, 2017 (4): 299-299.

[67] Turk N, Greig M, Dearman W, et al. Characterization of rock joint surfaces by fractal dimension [J]. U. s. symposium on Rock Mechanics, 1987.

[68] Lee Y H, Carr J R, Barr D J, et al. The fractal dimension as a measure of the roughness of rock discontinuity profiles [J]. International Journal of Rock Mechanics & Mining Sciences & Geomechanics Abstracts, 1990, 27 (6): 453-464.

[69] Experimental study on the relation between fractal dimension and shear strength : Wakabayashi, N; Fukushige, I Proc Conference on Fractured and Jointed Rock Masses, Lake Tahoe, 3-5 June 1992 P126-131. Publ California: Lawrence Berkeley Laboratory, 1992 [J]. International Journal of Rock Mechanics & Mining Sciences & Geomechanics Abstracts, 1993, 30 (3): A152.

[70] 刘松玉. 结构面粗糙度的分维测定法 [J]. 勘察科学技术, 1993 (6): 26-29.

[71] 尹红梅, 张宜虎, 孔祥辉. 结构面剪切强度参数三维分形估算 [J]. 水文地质工程地质, 2011, 38 (4): 58-62.

[72] 朱珍德, 邢福东, 渠文平, 等. 岩石-混凝土两相介质胶结面粗糙系数的分形描述 [J]. 煤炭学报, 2006, 31 (1): 20-25.

[73] 许宏发, 李艳茹, 刘新宇, 廖铁平. 结构面分形模拟及 JRC 与分维的关系 [J]. 岩石力学与工程学报, 2002 (11): 1663-1666.

[74] 张林洪. 结构面抗剪强度的一种确定方法 [J]. 岩石力学与工程学报, 2001, 20 (1): 114-114.

[75] 冯夏庭，王泳嘉. 岩石结构面力学参数的非线性估计 [J]. 岩土工程学报，1999，21 (3)：12-16.

[76] 秦四清，张倬元. 结构面粗糙度曲线的分维特征 [J]. 成都理工大学学报（自科版），1993 (4)：109-113.

[77] 杨更社. 岩体结构面的分形与分维研究 [J]. 西安科技大学学报，1993 (3)：212-217.

[78] 谢和平. 岩石结构面的分形描述 [J]. 岩土工程学报，1995，17 (1)：18-23.

[79] 曹平，贾洪强，刘涛影，等. 岩石结构面表面三维形貌特征的分形分析 [J]. 岩石力学与工程学报，2011 (s2)：3839-3843.

[80] 游志诚，王亮清，杨艳霞，等. 基于三维激光扫描技术的结构面抗剪强度参数各向异性研究 [J]. 岩石力学与工程学报，2014 (s1)：3003-3008.

[81] 周创兵，熊文林. 结构面粗糙度系数与分形维数的关系 [J]. 武汉大学学报（工学版），1996 (5)：1-5.

[82] 周创兵，熊文林. 不连续面的分形维数及其在渗流分析中的应用 [J]. 水文地质工程地质，1996 (6)：1-6.

[83] Sakellariou M, Nakos B, Mitsakaki C. On the fractal character of rock surfaces [J]. Int. j. rock Mech. min. sci. geomech, 1991, 28 (6)：527-533.

[84] Barton N R. Effects of block size on the shear behavior of jointed rock [J]. 1982：739-760.

[85] 杜时贵，陈禹，樊良本. *JRC* 修正直边法的数学表达 [J]. 工程地质学报，1996，4 (2)：36-43.

[86] 唐志成，宋英龙. 一种描述结构面剖面线粗糙度的新方法 [J]. 工程地质学报，2011，19 (2)：250-253.

[87] 吴月秀，刘泉声，刘小燕. 岩体结构面粗糙度系数与统计参数的相关关系研究 [J]. 岩石力学与工程学报，2011 (s1)：2593-2598.

[88] 孙辅庭. 张拉型硬岩结构面三维形貌表征及其灌浆前后抗剪强度特性试验研究 [D]. 武汉大学，2015.

[89] Jiang Y, Li B, Tanabashi Y. Estimating the relation between surface roughness and mechanical properties of rock joints [J]. International Journal of Rock Mechanics & Mining Sciences, 2006, 43 (6)：837-846.

[90] Belem T, Homand-Etienne F, Souley M. Quantitative Parameters for Rock Joint Surface Roughness [J]. Rock Mechanics & Rock Engineering, 2000, 33 (4)：217-242.

[91] Homand F, Belem T, Souley M. Friction and degradation of rock joint surfaces under shear loads [J]. International Journal for Numerical & Analytical Methods in Geomechanics, 2001, 25 (10)：973-999.

[92] 唐志成，黄润秋，张建明，等. 含坡度均方根的结构面峰值剪切强度经验公式 [J]. 岩土力学，2015 (12)：3433-3438.

[93] Tang H, Ge Y, Wang L, et al. Study on Estimation Method of Rock Mass Discontinuity Shear Strength Based on Three-Dimensional Laser Scanning and Image Technique [J]. Journal of Earth Science, 2012, 23 (6)：908-913.

［94］ Chen S J，Zhu W C，Yu Q L，et al. Characterization of Anisotropy of Joint Surface Roughness and Aperture by Variogram Approach Based on Digital Image Processing Technique［J］. Rock Mechanics & Rock Engineering，2016，49（3）：855-876.

［95］ 陈世江，朱万成，张敏思，等. 基于数字图像处理技术的岩石结构面分形描述［J］. 岩土工程学报，2012，34（11）：2087-2092.

［96］ 陈翔，李尤嘉，黄醒春，等. 基于GIS三维统计的膏溶角砾岩断口几何特性研究［J］. 岩石力学与工程学报，2008，27（s2）：3541-3546.

［97］ 范祥，曹平，张春阳. 结构面体积的计算方法［J］. 中南大学学报（自然科学版），2012，43（11）.

［98］ Grasselli G，Egger P. Constitutive law for the shear strength of rock joints based on three-dimensional surface parameters［J］. International Journal of Rock Mechanics & Mining Sciences，2003，40（1）：25-40.

［99］ Grasselli G. Shear strength of rock joints based on quantifiedsurface description ［Ph. D. Thesis］［D］. Lausanne，Switzerland：SwissFederal Institute of Technology，2001.

［100］ 蔡毅，唐辉明，葛云峰，等. 岩体结构面三维粗糙度评价的新方法［J］. 岩石力学与工程学报，2017，36（5）：1101-1110.

［101］ 李化，张正虎，邓建辉，等. 岩石结构面三维表面形貌精细描述与粗糙度定量确定方法的研究［J］. 岩石力学与工程学报，2017（a02）：4066-4074.

［102］ 宋磊博，江权，李元辉，等. 基于剪切行为结构面形貌特征的描述［J］. 岩土力学，2017，38（2）：525-533.

［103］ Aydan，Shimizu Y，Kawamoto T. The anisotropy of surface morphology characteristics of rock discontinuities［J］. Rock Mechanics & Rock Engineering，1996，29（1）：47-59.

［104］ Kulatilake P H S W，Balasingam P，Park J，et al. Natural rock joint roughness quantification through fractal techniques［J］. Geotechnical & Geological Engineering，2006，24（5）：1181.

［105］ 周宏伟，谢和平，M A Kwasniewski，等. 岩体结构面表面形貌的各向异性研究［J］. 地质力学学报，2001，7（2）：123-129.

［106］ 陈世江. 基于数字图像处理的岩体结构面粗糙度三维表征方法及其应用［D］. 东北大学，2015.

［107］ 宋磊博，江权，李元辉，等. 不同采样间隔下结构面形貌特征和各向异性特征的统计参数稳定性研究［J］. 岩土力学，2017，38（4）：1121-1132.

［108］ 孙辅庭，佘成学，蒋庆仁. 一种新的岩石节理面三维粗糙度分形描述方法［J］. 岩土力学，2013（8）：2238-2248.

［109］ 孙辅庭，佘成学，万利台. 新的岩石结构面粗糙度指标研究［J］. 岩石力学与工程学报，2013，32（12）：2513-2519.

［110］ Sun F T，Jiang Q R，She C X. Research on Three-Dimensional Roughness Characteristics of Tensile Granite Joint［J］. Applied Mechanics & Materials，2012，204-208：514-519.

[111] Barton N，Bandis S. EFFECTS OF BLOCK SIZE ON THE SHEAR BEHAVIOR OF JOINTED ROCK [C]// Issues in Rock Mechanics. Proceedings of the 23rd Symposium on Rock Mechanics，University of California，Berkeley，August 25-27，1982. 1982.

[112] 杜时贵.简易纵剖面仪及其在岩体结构面粗糙度系数研究中的应用 [J].地质科技情报，1992（3）：91-95.

[113] Fardin N，Stephansson O，Jing L. The scale dependence of rock joint surface roughness [J]. International Journal of Rock Mechanics & Mining Sciences，2001，38（5）：659-669.

[114] Fardin N，Feng Q，Stephansson O. Application of a new in situ 3D laser scanner to study the scale effect on the rock joint surface roughness [J]. International Journal of Rock Mechanics & Mining Sciences，2004，41（2）：329-335.

[115] 徐磊，任青文，叶志才，等.岩体结构面三维表面形貌的尺寸效应研究 [J].武汉理工大学学报，2008，30（4）：113-115.

[116] 吉锋，石豫川.硬性结构面表面起伏形态测量及其尺寸效应研究 [J].水文地质工程地质，2011，38（4）：63-68.

[117] 卢妮妮，曾亚武，夏磊.复杂结构面岩体的剪切强度特性的尺寸影响研究 [J].水利与建筑工程学报，2016，14（6）：131-136.

[118] 葛云峰，唐辉明，王亮清，等.天然岩体结构面粗糙度各向异性、尺寸效应、间距效应研究 [J].岩土工程学报，2016，38（1）：170-179.

[119] Haque A，Indrarata B. Shear Behaviour of Rock Joints [J]. Crc Press，2000.

[120] Patton F D. Multiple modes of shear failure in rock [C]//Proceedings of the 1st ISRM Congress. Lisbon，Portugal：[s. n.]，1966：509-513.

[121] Jaeger J C. Friction of Rocks and Stability of Rock Slopes [J]. Geotechnique，1971，21（2）：97-134.

[122] Ladanyi B，Archambault G. Simulation of shear behavior of a jointed rock mass [C]// Proceedings of the 11th US Symposium on Rock Mechanics （USRMS）. Berkeley，California：[s. n.]，1969：105-125.

[123] Schneider H J. The friction and deformation behaviour of rock joints [J]. Rock Mechanics，1976，8（3）：169-184.

[124] Jing L. Numerical modeling of jointed rock masses by distinct element method for two，and three dimensional problems [Ph. D. Thesis] [D]. Sweden，Lulea：Lulea University of Technology，1990.

[125] Maksimović M. New description of the shear strength for rock joints [J]. Rock Mechanics & Rock Engineering，1992，25（4）：275-284.

[126] 曹平，龙龙，范文臣，等.基于起伏形态特征的结构面岩石峰值剪切强度准则 [J].中南大学学报（自然科学版），2017，48（4）：1081-1087.

[127] Kulatilake P H S W，Shou G，Huang T H，et al. New peak shear strength criteria for anisotropic rock joints [J]. International Journal of Rock Mechanics & Mining Sciences & Geomechanics Abstracts，1995，32（7）：673-697.

[128] Jeong G U. Accurate quantification of rock joint roughness and development of a new peak shear strength criterion [D] Arizona：The University of Arizona，1997.

[129] Xia C C, Tang Z C, Xiao W M, et al. New Peak Shear Strength Criterion of Rock Joints Based on Quantified Surface Description [J]. Rock Mechanics & Rock Engineering, 2014, 47 (2)：387-400.

[130] 周辉, 程广坦, 朱勇, 等.基于三维扫描和三维雕刻技术的岩石结构面原状重构方法及其力学特性 [J].岩土力学, 2018 (2)：417-425.

[131] 唐志成, 刘泉声, 刘小燕.结构面的剪切力学性质与含三维形貌参数的剪切强度准则比较研究 [J].岩土工程学报, 2014, 36 (5)：873-879.

[132] 唐志成, 刘泉声, 夏才初.结构面三维形貌参数的采样效应与峰值抗剪强度准则 [J].中南大学学报（自然科学版）, 2015 (7)：2524-2531.

[133] 杨洁, 荣冠, 程龙, 等.结构面峰值抗剪强度试验研究 [J].岩石力学与工程学报, 2015, 34 (5)：3-3.

[134] 唐志成, 夏才初, 宋英龙.粗糙结构面的峰值抗剪强度准则 [J].岩土工程学报, 2013, 35 (3)：571-577.

[135] 唐志成, 黄润秋, 张建明, 等.含坡度均方根的结构面峰值剪切强度经验公式 [J].岩土力学, 2015 (12)：3433-3438.

[136] 唐志成, 夏才初, 宋英龙, 等.人工模拟结构面峰值剪胀模型及峰值抗剪强度分析 [J].岩石力学与工程学报, 2012, 31 (s1)：3038-3044.

[137] 陈世江, 朱万成, 于庆磊, 等.基于多重分形特征的岩体结构面剪切强度研究 [J].岩土力学, 2015, 36 (3).

[138] 陈世江, 朱万成, 王创业, 等.考虑各向异性特征的三维岩体结构面峰值剪切强度研究 [J].岩石力学与工程学报, 2016, 35 (10)：2013-2021.

[139] 张林洪, 朱云兰.现有结构面抗剪强度确定方法的评述及新方法的提出 [J].昆明理工大学学报（自然科学版）, 2000, 25 (3)：50-53.

[140] Zhao J. Joint surface matching and shear strength part B：JRC-JMC shear strength criterion [J]. International Journal of Rock Mechanics & Mining Sciences, 1997, 34 (2)：179-185.

[141] 唐志成, 王晓川.不同接触状态岩石结构面的剪切力学性质试验研究 [J].岩土工程学报, 2017, 39 (12)：2312-2319.

[142] 桂洋, 夏才初, 钱鑫, 等.结构面在初始接触状态下空腔分布的确定及应用 [J].长江科学院院报, 2018, 35 (3)：21-25.

[143] 宋磊博, 江权, 李元辉, 等.软-硬自然结构面的改进 JRC-JCS 剪切强度公式 [J].岩土力学, 2017 (10)：2789-2798.

[144] 李海波, 冯海鹏, 刘博.不同剪切速率下岩石结构面的强度特性研究 [J].岩石力学与工程学报, 2006, 25 (12)：2435-2440.

[145] 郑博文, 祁生文, 詹志发, 等.剪切速率对岩石结构面强度特性的影响 [C]// 中国科学院地质与地球物理研究所 2015 年度. 2016.

[146] 王刚, 张学朋, 蒋宇静, 等.一种考虑剪切速率的粗糙结构面剪切强度准则 [J].岩土

工程学报，2015，37（8）：1399-1404.

[147] 夏才初，孙宗颀.工程岩体结构面力学 [M].上海：同济大学出版社，2002.

[148] Caber P J. Interferometric profiler for rough surfaces [J]. Applied Optics, 1993, 32 (19): 3438-41.

[149] 马龙.白光扫描干涉测量方法与系统的研究 [D].天津大学，2011.

[150] Tang X，L'Hostis P，Xiao Y. An auto-focusing method in a microscopic testbed for optical discs [J]. Journal of research of the national institute of standards & technology, 2000, 105 (4): 565-569.

[151] 匡海鹏，李朝辉，刘明，等. Real-time auto-focusing technique using centroid method for space camera [J].哈尔滨工业大学学报（英文版），2007，14（4）：577-579.

[152] Goustouridis D，Manoli K，Chatzandroulis S，et al. Characterization of polymer layers for silicon micromachined bilayer chemical sensors using white light interferometry [J]. Sensors & Actuators B Chemical, 2005, 111 (111): 549-554.

[153] Kwon T H，Hong E S，Cho G C. Shear behavior of rectangular-shaped asperities in rock joints [J]. Ksce Journal of Civil Engineering, 2010, 14 (3): 323-332.

[154] 孙辅庭，余成学，万利台，等.基于三维形貌特征的岩石结构面峰值剪切强度准则研究 [J].岩土工程学报，2014，36（3）：529-536.

[155] Tang Z C，Wong L N Y. New Criterion for Evaluating the Peak Shear Strength of Rock Joints Under Different Contact States [J]. Rock Mechanics & Rock Engineering, 2016, 49 (4): 1191-1199.

[156] 杜时贵，唐辉明.岩体断裂粗糙度系数的各向异性研究 [J].工程地质学报，1993，1 (2): 32-42.

[157] Xie H，Wang J A. Direct fractal measurement of fracture surfaces [J]. Journal of University of Science & Technology Beijing, 1999, 36 (20): 3073-3084.

[158] 陈世江，朱万成，刘树新，等.岩体结构面粗糙度各向异性特征及尺寸效应分析 [J].岩石力学与工程学报，2015，34（a01）：57-66.

[159] Tatone B S A. An Investigation of Discontinuity Roughness Scale Dependency Using High-Resolution Surface Measurements [J]. Rock Mechanics & Rock Engineering, 2013, 46 (4): 657-681.

[160] Fardin N. Influence of Structural Non-Stationarity of Surface Roughness on Morphological Characterization and Mechanical Deformation of Rock Joints [J]. Rock Mechanics & Rock Engineering, 2008, 41 (2): 267-297.

[161] Hencher S R，Toy J P，Lumsden A C. Scale-Dependent Shear-Strength of Rock Joints [C]//Scale Effects in Rock Masses 93; Proceedings of the international workshop on scale effects in rock masses. 1993: 233-240.

[162] 左保成，陈从新，刘才华，等.相似材料试验研究 [J].岩土力学，2004，25（11）：1805-1808.

[163] 杜时贵，黄曼，罗战友，等.岩石结构面力学原型试验相似材料研究 [J].岩石力学与工程学报，2010，29（11）：2263-2270.

[164] 王汉鹏，李术才，张强勇，等.新型地质力学模型试验相似材料的研制 [J].岩石力学与工程学报，2006，25（9）：1842-1847.

[165] 沈明荣，张清照.规则齿型结构面剪切特性的模型试验研究 [J].岩石力学与工程学报，2010，29（4）：713-719.

[166] 李海波，刘博，冯海鹏，等.模拟岩石结构面试样剪切变形特征和破坏机制研究 [J].岩土力学，2008，29（7）：1741-1746.

[167] 朱小明，李海波，刘博，等.含一阶和二阶起伏体结构面剪切强度的试验研究 [J].岩石力学与工程学报，2011，30（9）：1810-1818.

[168] 黄曼，罗战友，杜时贵，等.系列尺度岩石结构面相似表面模型制作的逆向控制技术研究 [J].岩土力学，2013，34（4）：1211-1216.

[169] 陈兴龙，陶士庆，李志奎，等.3D打印技术在模具行业中的应用研究 [J].机械工程师，2016（1）：174-176.

[170] 高均昭.大批量岩体结构面基本摩擦角测试的一种方法 [J].工程勘察，2015，43（5）：11-13.

[171] Goodman R E. Methods of geological engineering in discontinuous rocks [M]. New York：West Group，1976：419-449.

[172] Kusumi H，Teraoka K，Nishida K. Study on new formulation of shear strength for irregular rock joints [J]. International Journal of Rock Mechanics & Mining Sciences，1997，34（3-4）：168-183.

[173] 沈明荣，张清照.规则齿型结构面剪切特性的模型试验研究 [J].岩石力学与工程学报，2010，29（4）：713-719.

[174] 张学良，温椒花.基于接触分形理论的结合面切向接触刚度分形模型 [J].农业机械学报，2002，33（3）：91-93.

[175] Wibowo J，Amadei B，Sture S，et al. Effect of boundary conditions on the strength and deformability of replicas of natural fractures in welded tuff：Comparison between predicted and observed shear behavior using a graphical method；Yucca Mountain Site Characterization Project [J]. Materialsence，1993.

[176] Asadollahi P. Stability analysis of a single three dimensional rock block：effect of dilatancy and high-velocity water jet impact [Ph. D thesis]. USA：University of Texas at Austin，2009.

[177] 夏才初，唐志成，宋英龙，等.结构面峰值剪切位移及其影响因素分析 [J].岩土力学，2011，32（6）：1654-1658.

[178] Popov V L. 接触力学与摩擦学的原理及其应用 [M]. 李强，雒建斌，译. 北京：清华大学出版社，2011. 66~67.

[179] 刘雨薇，李和言，叶福浩，等.滑动粗糙表面接触导热的影响因素研究 [J].矿业科学学报，2019，4（3）：246-253.

[180] Hamilton G M. Explicit Equations for The Stresses Beneath a Sliding Spherical Contact [J]. ARCHIVE Proceedings of the Institution of Mechanical Engineers，1983，197（1）：53-59.